中文版

Premiere Pro

视频编辑剪辑设计
实战案例解析

孙燕飞————编著

清华大学出版社

北 京

内 容 简 介

本书全面、系统地剖析了 Premiere Pro 软件在视频编辑剪辑、自媒体设计、广告设计、电子相册设计、短视频制作、影视特效设计、影视栏目包装设计、宣传视频设计、Vlog 设计行业中的实际应用，注重实践与理论相结合。本书共设置了 34 个精美实用案例，每个案例通过"设计思路"+"配色方案"+"版面构图"的方式进行介绍，可以方便零基础的读者由浅入深地学习 Premiere Pro 软件知识，从而循序渐进地提升 Premiere Pro 的软件操作能力及创意思维的设计能力。

本书共设置 9 章，以热门行业进行章节划分，主要内容分别为视频剪辑、自媒体设计、广告设计、电子相册设计、短视频制作、影视特效设计、影视栏目包装设计、宣传视频设计、Vlog 设计。

本书资源内容包括案例文件、素材文件、视频教学文件，手机扫描二维码即可得到下载链接。

本书不仅可以作为视频处理、广告设计人员的参考用书，也可以作为大中专院校和培训机构的自媒体设计、数字艺术设计、影视设计、广告设计、动画设计、微电影设计及其相关专业的学习教材，还可供视频爱好者使用。

图书在版编目 (CIP) 数据

中文版 Premiere Pro 视频编辑剪辑设计实战案例解析 / 孙燕飞编著 . —北京：清华大学出版社，2023.3（2024.7重印）

ISBN 978-7-302-62542-1

Ⅰ.①中⋯ Ⅱ.①孙⋯ Ⅲ.①视频编辑软件 Ⅳ.① TP317.53

中国国家版本馆 CIP 数据核字 (2023) 第 022766 号

责任编辑：韩宜波
封面设计：杨玉兰
版式设计：方加青
责任校对：吕丽娟
责任印制：宋 林

出版发行：清华大学出版社
    网 址：https://www.tup.com.cn，https://www.wqxuetang.com
    地 址：北京清华大学学研大厦 A 座   邮 编：100084
    社 总 机：010-83470000   邮 购：010-62786544
    投稿与读者服务：010-62776969，c-service@tup.tsinghua.edu.cn
    质 量 反 馈：010-62772015，zhiliang@tup.tsinghua.edu.cn
印 装 者：三河市人民印务有限公司
经 销：全国新华书店
开 本：185mm×260mm   印 张：16   字 数：384 千字
版 次：2023 年 4 月第 1 版   印 次：2024 年 7 月第 2 次印刷
定 价：79.80 元

产品编号：093168-01

Premiere Pro是Adobe公司推出的视频编辑软件，广泛应用于视频编辑剪辑、自媒体、电子相册、短视频制作、影视特效制作、影视栏目包装等行业。基于Premiere Pro在视频编辑剪辑设计领域的应用度之高，我们编写了本书。本书共设置了视频制作中最为实用的34个精美案例，基本涵盖了常见的行业。

与同类图书相比，本书最大的特点是以行业使用案例为核心，以理论分析为依据，使读者既能掌握案例的制作流程和方法，又能了解行业理论和案例设计思路。

• 本书内容 •

第1章 视频剪辑，包括视频剪辑概述、视频剪辑实战。

第2章 自媒体设计，包括自媒体概述、自媒体设计实战。

第3章 广告设计，包括广告设计概述、广告设计实战。

第4章 电子相册设计，包括电子相册设计概述、电子相册设计实战。

第5章 短视频制作，包括短视频制作概述、短视频制作设计实战。

第6章 影视特效设计，包括影视特效概述、影视特效设计实战。

第7章 影视栏目包装设计，包括影视栏目包装概述、影视栏目包装设计实战。

第8章 宣传视频设计，包括宣传视频概述、宣传视频制作实战。

第9章 Vlog设计，包括Vlog概述、Vlog设计实战。

• 本书特色 •

◎ 涵盖行业多。本书涵盖了视频剪辑、自媒体、广告设计、电子相册、短视频制作、影视特效制作、影视栏目包装、宣传视频、Vlog等9大主流应用行业。

◎ 学习易上手。本书案例虽然为大中型实用案例，但操作思路、操作步骤详细具体，即使零基础的读者，也能轻松学习。

◎ 理论结合实际。本书每章都安排了行业的基础理论概述，每个案例都配有"设计思路""配色方案""版面构图"，让读者不仅会操作软件，还能懂得设计思路，从而可以更快地提高设计能力。

本书由淄博职业学院的孙燕飞老师编写，其他参与本书内容编写和整理工作的人员还有杨力、王萍、李芳、孙晓军、杨宗香等。

本书提供了案例的素材文件、效果文件以及视频文件，扫一扫右侧的二维码，推送到自己的邮箱后下载获取。

由于编者水平有限，书中难免存在疏漏和不妥之处，敬请广大读者批评指正。

编　者

Contents
目录

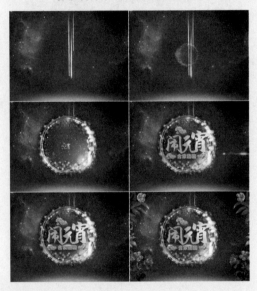

第9章 Vlog设计

第1章

视频剪辑

· 本章概述 ·

　　视频剪辑是使用剪辑软件对视频素材进行编辑，并加入图片、背景音乐、特效、场景等元素与原视频进行混合，对原视频进行切割、合并，然后进行输出、保存，生成具有不同的表现力的新视频。视频剪辑应用于短视频、Vlog拍摄、影视广告、微电影、电视节目、知识科普等不同场景，这就要求我们在进行视频剪辑时必须了解和学习视频剪辑的相关内容。本章主要从视频剪辑的定义、视频剪辑的常见类型、视频剪辑的要素以及视频剪辑的原则等方面介绍视频剪辑。

视频剪辑概述

视频剪辑，是将不同的视频剪接到一起变成一个新的、完整的视频，是把零碎的视频重新"组装"，形成一个完整的、新的故事，继而制作出的完整视频。视频影像是动态的、变化的，与平面的文字、图像相比，具有更强的视觉吸引力。视频剪辑作品以多种多样的形式融入我们的生活中吸引我们的眼球。一个好的视频剪辑作品可以有效地传达创作者的想法，打造超乎寻常的传播效果。

1.1.1 什么是视频剪辑

视频剪辑，是指将加入的图片、背景音乐、特效、场景等素材与原视频混合，并对原视频进行切割、合并，通过二次编辑，生成新的视频。

随着互联网技术的发展与渠道的变化，视频剪辑迅速流行。与传统影视节目相比，经由剪辑后的短视频可以在短时间内讲述清楚影片内容，可以更好地推广影片或节目。视频剪辑的来源包括新闻、电视节目、电影、音乐视频与其他业余爱好者的拍摄作品等，如图1-1所示。

图1-1

1.1.2 视频剪辑的常见类型

视频剪辑有很多类型，常见类型包括影视剪辑、短视频剪辑、商业广告剪辑等。

1.影视剪辑

影视剪辑是对视频素材的再编辑过程，常应用于电影、电视剧、影视栏目、新闻等不同领域。通过剪辑、字幕、特效、音频的添加，最终完成影视作品。

电视剧、电影剪辑作为影视剪辑中较为重要的一部分，是将影片图像和声音素材进行分解与组合，将拍摄好的大量影片素材，经过挑选后进行剪辑、组合，最终制作成制作者需要的逻辑连贯、剧情流畅、主题明确、富含艺术感染力的电视或电影作品，如图1-2所示。

图1-2

新闻事件具有客观性，在事迹的采访、拍摄中，客观环境以及事件、人物的多变性会影响拍摄记录的过程，因此有关新闻节目的剪辑工作就需要去除繁杂的人物、画面，筛选出最适合的镜头，使新闻主体人物与事件过程形成完整的联系，最终使观众接收新闻，了解讲述的内容，如图1-3所示。

图1-3

影视栏目的包装既包括各种影视节目开播前的宣传、节目预告、节目中的后期特效、下期预告等，也包括综艺娱乐、人物访谈等不同性质的电视节目内容。影视栏目的包装具有突出栏目个性特点的作用，使栏目或频道更加引人注目，如图1-4所示。

图1-4

2. 短视频剪辑

短视频是适合于在闲暇与碎片化时间段内观看的、高频推送的视频内容，时间由几秒到几分钟不等。随着移动终端的普及与网络的提速，大流量传播的短视频逐渐盛行，吸引了大众的注意力。

短视频包括微电影制作、Vlog视频、剧情短片、混剪视频、解说、音乐MV等不同类型。

微电影是具有完整故事情节的"微型电影",既可单独成篇,也可系列成剧。由于其内容完整、时长较短,因此适用于在移动状态和休闲状态时进行观看,如图1-5所示。

图1-5

Vlog视频以拍摄者为主,展现其自然平凡的生活,风格、类型、题材不限,类似于视频日记,如图1-6所示。

图1-6

生活类短视频剪辑与生活、美食、健康、家乡等不同场景的记录、拍摄有关,用来展示个人生活,具有真实感与多样化的特点,极易打动观者内心,获得情感认同,如图1-7所示。

图1-7

科普类短视频包括文化、科学、人文、历史、自然等不同领域的知识科普。其立体化、通俗化,便于大众在闲暇时接收信息,给人们带来更加轻松的学习体验,如图1-8所示。

图1-8

3.商业广告剪辑

商业广告包含电视广告、电影广告、动画广告等，通过图像、字幕与音乐等要素传递产品的相关信息，从而达到推广产品、宣传企业形象的目的。商业广告剪辑通过艺术化的手段，以充满想象力的艺术表现手法，增强产品的感染力与吸引力，如图1-9所示。

图1-9

电商广告是商家与企业通过互联网媒介对产品进行宣传、营销的一种广告类型，常见形式包括开屏广告、banner广告、插屏广告等。电商广告依托互联网精准营销、有效采集数据，具有推广成本低、高转化率与高收益率等优点，如图1-10所示。

图1-10

电视广告是一种以电视为媒介的传播信息的形式，时间长短依内容而定，具有一定的独占性和广泛性，如图1-11所示。

图1-11

1.1.3 视频剪辑的要素

视频剪辑需要遵循一些原则，通过对以下六种要素的控制，可以把握整体视频，吸引观众的兴趣，使其参与到作品中，为观众带来极佳的观看体验。

情感：任何影片、节目、微视频的呈现，都需要表达出某种情感。通过滤镜、色彩等控制画面情感、营造氛围，可以使观众更快地沉浸于视频中，如图1-12所示。

图1-12

故事情节：通过剪辑可以删掉多余的、次要的镜头，使剧情的展示更加紧凑。

节奏：节奏感可以使故事的发展更加紧凑、有趣、环环相扣，使影片富有吸引力。

视觉跟踪：简单来讲，视觉追踪就是引导观众视线随着镜头的移动而移动，通过镜头的连续性保持内容的连贯性与逻辑性，从而影响观众对于影像与剧情的理解。

屏幕的二维位置：轴线是建立画面空间、确定画面空间方向感和被摄物体位置关系的基本要素，屏幕的二维位置即剪辑后呈现出的镜头是否越轴、画面空间关系与人物位置关系是否合理，如图1-13所示。

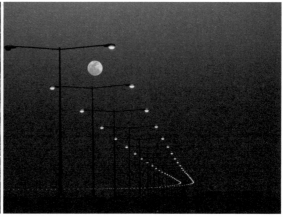

图1-13

三维空间：通过建立合理的三维空间关系，保证视频画面的表现力，如图1-14所示。

图1-14

1.1.4 视频剪辑的原则

视频剪辑作为影视作品、广告、个人创作中的后期制作的一部分，对于作品最终呈现出的效果，具有极大的影响，如图1-15所示。在视频剪辑的过程中，需要遵循以下几个原则。

图1-15

连续性原则：视频具有连续性是保证镜头之间连贯、流畅的基础。前一个镜头与后一个镜头间需要存在因果关系，这样的连续性可以使观众的注意力集中于视频的故事发展与角色关系，继而促进剧情的发展。

匹配性原则：镜头间的剪切、拼合通常需要一个匹配点，包括动作、视角、声音、服化道等，这些元素通常在第一个镜头中出现后，会继续出现在第二个镜头中，以保障视频转换和衔接的流畅，使镜头语言表达更加顺畅。

逻辑性原则：剪辑要符合常理，尊重剧本内容，按照动作、镜头方向推动发展。

完整性原则：视频剪辑需要保持时间上的连续性与空间上的完整性，针对素材时长的压缩，需要以精简的语言与内容还原视频内容，保证剧情、节奏的发展。

美食视频剪辑实战

设计思路

案例类型：

本案例是制作美食视频剪辑，如图1-16所示。

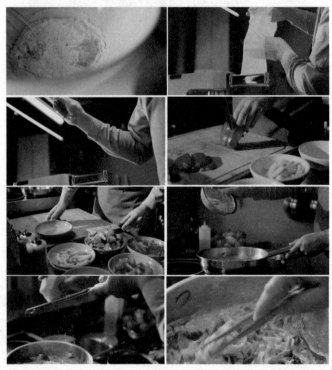

图1-16

项目诉求：

本案例使用裁剪工具对素材进行修剪，并配合背景音乐完成美食制作视频的剪辑。视频中的相应食材在制作者手中进行加工，最终制成一道美食。通过镜头对不同步骤的特写，展现主人公对于食材制作的得心应手，吸引观众的目光，使其跟随镜头移动，最终对制作出的美食进行展示。

设计定位：

本案例使用较多的特写镜头，将观者视线引导至食材、厨具与主人公的手部，更加细致地表现制作食物的不同步骤，使观众具有较强的代入感，引起观众的兴趣，从而增强作品的视觉吸引力。

配色方案

灰驼色、浅卡其色、黑色在画面中出现得较多，使画面呈现低明度的暖色调，色彩朴实、自然，视觉冲击力较弱，给人以温馨、悠闲、惬意的感觉，如图1-17所示。

图1-17

主色：

本案例中使用灰驼色与浅卡其色，两种色彩的搭配使整体画面呈浅棕色调，给人以安全、自然、朴素的视觉感受。低明度的色彩运用降低了色彩明度与视觉冲击力，给人带来温和、舒适的视觉体验。

辅助色：

画面中角落灯光昏暗，与被灯光照亮的各种厨具以及食材形成鲜明的明度对比，增强了画面的纵深感与空间感。同时，明暗对比下使观者目光向食材倾斜，具有较强的引导性。

点缀色：

本案例使用明度较低的番茄红作为点缀色，在中明度的暖色调画面中增添亮色。番茄红色彩饱满、浓郁，与主色调形成对比，提升了画面的视觉吸引力。

版面构图

本案例多采用倾斜式的构图方式，多个画面呈现对角线倾斜的效果，提升了画面的动感，使中明度色调的画面更具活力。倾斜式的构图引导性较强，画面中主人公对于食材的处理等镜头采用倾斜式构图，使视觉焦点下沉，使观者视线移动到画面下方的食材处，提升了画面的视觉表现力与冲击力，如图1-18和图1-19所示。

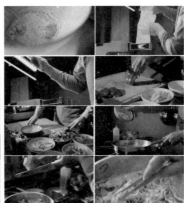

图1-18　　　　　　　　　　　图1-19

操作思路

本案例使用快捷键裁切、修剪视频与音频片段，并使用Ctrl+D组合键进行应用默认过渡。

操作步骤

❶ 在菜单栏中执行"文件"|"新建"|"项目"命令，新建一个项目。执行"文件"|"导入"命令，导入素材文件，如图1-20所示。

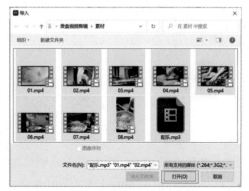

图1-20

❷ 在"项目"面板中选择"01.mp4"素材文件，按住鼠标左键将其拖曳到"时间轴"面板中，此时在"项目"面板中自动生成序列，如图1-21所示。

❸ 滑动时间线，此时的画面效果如图1-22所示。

图1-21

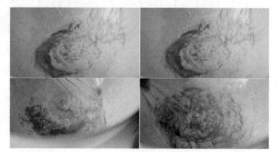

图1-22

❹ 在"项目"面板中将"02.mp4"到"08.mp4"素材文件拖曳到"时间轴"面板中的V1轨道上，如图1-23所示。

图1-23

❺ 在"时间轴"面板中按住Alt键单击A1轨道上的"02.mp4"素材文件，按Delete键进行删除，如图1-24所示。

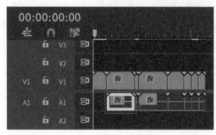

图1-24

❻ 在"时间轴"面板中按住Alt键单击A1轨道上

的"03.mp4"素材文件，按Delete键进行删除，如图1-25所示。

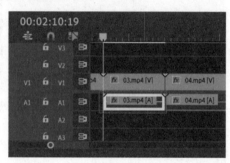

图1-25

❼ 使用同样的方法将"时间轴"面板中的A1轨

道中剩余的音频删除，如图1-26所示。

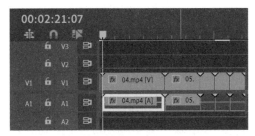

图1-26

⑧ 将时间线滑动至2秒位置处，单击V1轨道上的"01.mp4"素材文件，使用Ctrl+K组合键进行裁切，如图1-27所示。

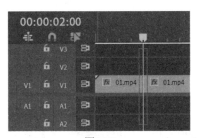

图1-27

⑨ 单击"时间轴"面板中时间线后方的"01.mp4"素材文件，使用Shift+Delete组合键进行波纹删除，如图1-28所示。

图1-28

⑩ 将时间线滑动至4秒位置处，单击V1轨道上的"02.mp4"素材文件，使用Ctrl+K组合键进行裁切，如图1-29所示。

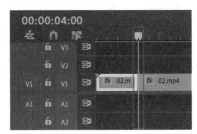

图1-29

⑪ 单击"时间轴"面板中时间线后方的"02.mp4"素材文件，使用Shift+Delete组合键进行波纹删除，如图1-30所示。

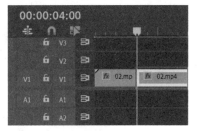

图1-30

⑫ 将时间线滑动至6秒位置处，单击V1轨道上的"03.mp4"素材文件，使用Ctrl+K组合键进行裁切，如图1-31所示。

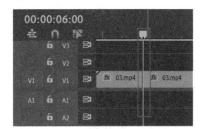

图1-31

⑬ 单击"时间轴"面板中时间线后方的"03.mp4"素材文件，使用Shift+Delete组合键进行波纹删除，如图1-32所示。

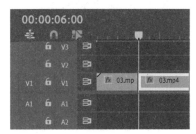

图1-32

⑭ 使用同样的方法裁剪"时间轴"面板中剩余的素材文件，设置持续时间为2秒，如图1-33所示。

⑮ 滑动时间线，此时的画面效果如图1-34所示。

⑯ 在"时间轴"面板中单击A1轨道上的"08.mp4"素材文件，在"效果控件"面板中单击展开"运动"，设置"位置"为（1366.0,245.0），"缩放"为127.0，如图1-35所示。

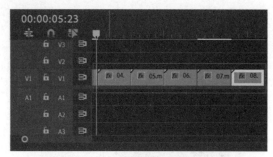

图1-33

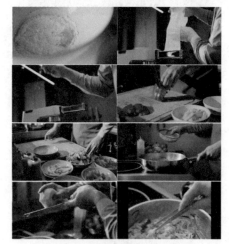

图1-34

图1-35

⓱ 将时间线滑动至"01.mp4"和"02.mp4"素材文件的中间位置处，在不选择任何一个素材文件的情况下，使用Ctrl+D组合键应用默认过渡，如图1-36所示。

图1-36

⓲ 将时间线滑动至"02.mp4"到"03.mp4"素材文件的中间位置处，在不选择任何一个素材文件的情况下，使用Ctrl+D组合键应用默认过渡，如图1-37所示。

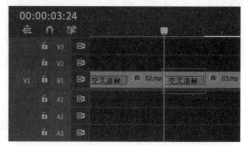

图1-37

⓳ 将时间线滑动至"03.mp4"到"04.mp4"素材文件的中间位置处，在不选择任何一个素材文件的情况下，使用Ctrl+D组合键应用默认过渡，如图1-38所示。

图1-38

⓴ 使用同样的方法制作素材文件的过渡效果。滑动时间线，此时的画面效果如图1-39所示。

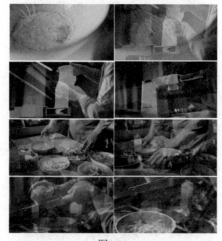

图1-39

㉑ 在"项目"面板中将"配乐.mp3"素材文

件拖曳到"时间轴"面板中的A1轨道上，如图1-40所示。

文件，按Delete键进行删除，如图1-42所示。

图1-40

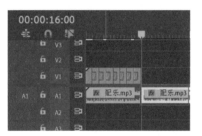

图1-42

㉒ 将时间线滑动至16秒位置处，在"时间轴"面板中单击A1轨道上的"配乐.mp3"素材文件，使用Ctrl+K组合键进行裁切，如图1-41所示。

㉔ 此时本案例制作完成。播放视频剪辑，画面效果如图1-43所示。

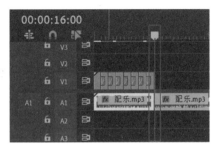

图1-41

㉓ 在"时间轴"面板中单击"配乐.mp3"素材

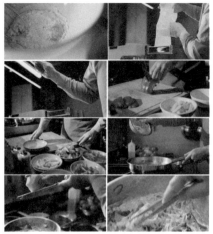

图1-43

第2章

自媒体设计

· 本章概述 ·

　　自媒体是指普通大众通过互联网等传播途径向外发布自身的事实与新闻内容的一种传播方式。简单来说，自媒体也称为个人媒体，是指个人发声的媒体。自媒体是私人化、普泛化、自主化的传播者，通过现代电子技术手段，向大众或特定个人传递信息的新媒体的总称。本章主要从自媒体的定义、自媒体的常见类型、自媒体的个性特点以及自媒体运营的原则等方面来介绍自媒体的相关知识。

2.1 自媒体概述

　　自媒体是个人发声的平台，其所传播的内容不是由某个单位统一对外发布，而是由个体进行发表。自媒体具有大众化、个性化、低门槛、易操作、交互性强、传播迅速等优势。一个高热度的自媒体平台所发布的内容可以迅速为人所知、有效地传播信息，从而达到超乎想象的传播效果。

2.1.1 什么是自媒体

　　自媒体有广义与狭义之分。狭义的自媒体是指以单独的个体作为新闻制造者进行内容传播的、拥有独立用户号的媒体；广义的自媒体是区别于传统媒体而言的，其有别于传统媒体的部分在于信息传播的渠道、受众、反馈渠道等，都可以称为自媒体，包括个人创作、群体创作以及企业号等。自媒体内容的表现形式有文字、图片以及视频等，呈现丰富、多样的特点，如图2-1所示。

图2-1

2.1.2 自媒体的常见类型

　　自媒体的类型十分丰富，大致可以分为以下四种类型。

1.图文自媒体

　　图文自媒体，即以图像+文字的形式进行内容的展现。继续细分，可划分为文章、图集、头条、问答等。文章类自媒体是通过文章进行展示继而获得用户关注，从而增加收益；图集类自媒体则是图片多于文字的类型；问答类自媒体则通过回答问题增加曝光量与关注度。

　　新闻类文章宣传当下热点的新闻，传播大众关心的新闻，具有时效性与即时性，对于自媒体平台的热点敏锐度与文字功底要求较高，如图2-2所示。

图2-2

  搞笑类内容既可以是单一的文字，也可以是问答与图文结合的方式，可以快速地引起大众的阅读兴趣。搞笑类内容可以缓解大众压力，是其喜闻乐见的内容，如图2-3所示。

图2-3

  情感类内容主要是以情动人，主打故事与感情，引发观众的同理心，从而激发情感共鸣，以此提升阅读量，如图2-4所示。

图2-4

  故事类文字可以以图文结合的形式进行传播，通过背景音乐或者念白烘托气氛，从听觉的角度使用户更加沉浸于故事内容，达到引人入胜的效果，如图2-5所示。

图2-5

产品推文主要是将一些心得、技巧、方法，通过图文结合的方式传递给用户，并在其中加入所要推广宣传的产品，形成广告宣传，内容的局限性较小，用户易于接受，如图2-6所示。

图2-6

2.视频自媒体

视频自媒体的内容较为广泛，包括长视频、短视频、微视频等。长视频是指时长在30分钟以上的视频，多数由专业团队制作，形成类似于影视剧、网剧的效果，不适合个人制作；短视频是指时长在1分钟到10分钟的视频；微视频则是指时长在15秒到60秒的视频，这类视频适合于碎片化时间内进行浏览、观看。

知识科普类视频通过不同角度，引发观众的兴趣后，进行产品或知识的宣传，使观众在不知不觉间接受信息，继而促进信息的传播或产品的消费，如图2-7所示。

热点事件类视频要注意贴合热点内容，一方面热点事件的发布会受到平台的加持，另一方面由于大众的关注，可以保证浏览量与搜索量的频次，从而有益于流量的提升，如图2-8所示。

图2-7

图2-8

搜笑类视频的受众较多，只要保证了视频内容的趣味性，就会获得很高的流量，如图2-9所示。

图2-9

剧情转折类视频需要注重内容的质量，起到"转折"的效果，对于脚本策划者与拍摄团队而言，需要精心制作。

技能讲解视频是将美妆、美食、健身、手工以及各种生活方面的技巧传递给观众，以短视频为主，具有较高的阅读量与播放量，并吸引观众进行尝试，如图2-10所示。

微电影视频具有文艺片与剧情的性质，通过简单、清新的画面与精简的剧情吸引受众，如图2-11所示。

图2-10

图2-11

3.音频自媒体

音频自媒体是通过声音进行内容的展现,通过内容分享获得收益及用户。

4.直播自媒体

随着直播平台的不断增加,直播自媒体的数量也在不断上升,此类自媒体通过直播舞蹈、美食、健身、游戏、娱乐等不同内容获得收益及观众。

2.1.3 自媒体的个性特点

自媒体的呈现形式多种多样,与传统媒体相比,其更加自由化、大众化、普遍化,如图2-12所示。自媒体可以在自己的平台上与用户分享、探讨、交流和互动,并满足各种用户的需求。因此,自媒体呈现出以下几个特点。

个性化:这是自媒体最为显著的一个特点。从内容与形式来看,创作者在创办自媒体平台时需要给用户提供充足的选择空间。

自由性:与专业、严谨的传统媒体相比,自媒体平台发布的主题与内容更为通俗化,缺点是缺乏严格的审核标准,易产生歧义与问题。

碎片化： 观众日益接受并习惯于简短、直观的信息，创作者需要跟随这种发展趋势传播内容。

交互性： 交互性是自媒体的根本属性之一。用户使用自媒体的目的是满足沟通与交流需求，因此自媒体平台需要满足用户分享、交流、讨论、互动的需求。

多样性： 创作者不能仅拘于一种形式，应发展图片、文字、视频等多种传播方式进行信息的传播。

群体性： 受众往往是以一个小群体进行聚集与传播信息的，因此创作者可以针对不同的群体进行平台的创办。

传播性： 创办者运营平台时需要为使用者提供充足的传播手段和推广渠道，实现信息的有效与迅速传播。

图2-12

2.1.4 自媒体运营的原则

自媒体运营原则是根据自媒体的本质、特征、目的所提出的根本性、指导性的准则和观点，主要有多样性原则、真实性原则、趣味性原则、持续性原则。

多样性原则： 自媒体平台不断增多且类型多样，呈现多样化的发展趋势，因此面对迅速发展的自媒体平台，需要保持对新媒体的敏感度，勇于探索尝试，积极参与其中，如图2-13所示。

图2-13

真实性原则： 通过自媒体发布信息时要力求准确、真实、客观，与大众分享时要保持实事求是的态度，保证内容的真实性。

　　趣味性原则：在保证内容真实的同时，也要力求发布内容的趣味性。一个平淡无奇的视频或图文内容是无法打动观众的，只有运用一定的艺术手法渲染和叙述内容，才能使自媒体平台在市场中脱颖而出。

　　持续性原则：从本质上讲，自媒体也是媒体的一种，需要不断积累受众。只有高质量且蕴含情感，并且可以做到持续更新的内容，才能保证用户的稳定增长，最终促进自媒体影响力的提升。

2.2 自媒体设计实战

2.2.1 实例：春夏秋冬动画效果

设计思路

案例类型：

　　本案例是制作季节更替的动画，如图2-14所示。

图2-14

项目诉求：

　　本案例是以季节为主题，对春、夏、秋、冬四季的变化进行展现的动画制作。通过四季美景的不同，给观者展现自然的变化，给人以赏心悦目、悠然奇异的视觉感受。版面下方的文字与图像相搭配，赋予画面以古色古香的韵味，提升了画面的古典美与雅致感，使作品具有较强的视觉感染力。

设计定位：

　　本案例采用以图像为主、文字为辅的画面构图方式。图像在画面的右侧逐渐出现，最终形成四季之景，赋予画面以梦幻、唯美的格调，展现美轮美奂的自然景色，令人赏心悦目。文字位于图像的右下方，既点明了作品的主题，又切合了图像，形成统一、和谐的画面。

明亮、耀眼的亮灰色与澄净、悠远的蔚蓝色以及清新、干净的淡绿色将四季之景的唯美、壮观展现得淋漓尽致，令人不禁惊叹大自然的优美，此配色具有较强的视觉感染力，如图2-15所示。

图2-15

主色：

亮灰色作为无彩色的一种，具有低调、安静的特点。在夏、秋、冬三个季节的景象中多次出现，赋予画面通透感，扩大了画面的视觉面积，更显广阔与悠远。同时，在文字后方的图形中再次使用亮灰色，利用投影打造立体感的折纸效果，使作品更加生动、富有层次感。

辅助色：

本案例使用了纯度较高的蔚蓝色与淡绿色作为辅助色，作为夏季、冬季与春季天空的色彩，营造纯净、广阔、清新的气氛，使风景更具视觉吸引力。

点缀色：

暖色调的棕色作为点缀色在秋景中展现，为画面增添温暖气息，呈现丰收、富足的视觉效果，烘托了画面的气氛，令人感受到喜悦与富足。同时，棕色与蔚蓝色形成鲜明的冷暖对比，提升了画面的视觉冲击力。

本案例采用满版型的构图方式，将四季风景铺满屏幕，使风景照片更具视觉冲击力，令人直观地感受到四季景致的不同，打造出不同的温度画面，使温暖、炎热、凉爽、寒冷四种不同的季节特点充分展现，令人产生身临其境的感觉。文字位于图像的右下方，使观者的目光下移，具有引导与稳定画面的作用，使观者将文字与画面进行联系，具有较强的吸引力，如图2-16和图2-17所示。

图2-16　　　　　　　　　　　图2-17

本案例讲解了在Premiere Pro中使用素材的位置、缩放设置关键帧动画，使其产生春、夏、秋、冬四季更替的动画效果。

操作步骤

❶ 执行"文件"|"新建"|"项目"命令，在弹出的"新建项目"对话框中设置"名称"，单击"浏览"按钮，设置保存路径，单击"确定"按钮，如图2-18所示。

图2-18

❷ 在"项目"面板空白处双击鼠标左键，在弹出的"导入"对话框中选中"01.png""02.png""03.png""04.png"和"05.png"素材文件，单击"打开"按钮，如图2-19所示。

图2-19

❸ 选择"项目"面板中的素材文件，按住鼠标左键依次将其拖曳到轨道上，如图2-20所示。

图2-20

④ 选择V1轨道上的"05.png"素材文件，隐藏其他轨道上的素材文件。将时间轴滑动到初始位置处，在"效果控件"面板中展开"运动"效果，单击"位置"前面的 ⊙（切换动画）按钮，创建关键帧，设置"位置"为（-481.0,300.0）。将时间轴滑动到20帧位置处，设置"位置"为（480.0,300.0），如图2-21所示。

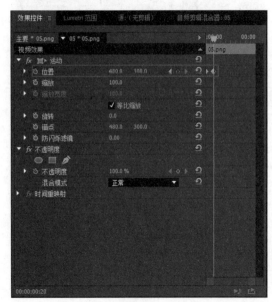

图2-21

⑤ 显现并选择V2轨道上的"04.png"素材文件，将时间轴滑动到20帧位置处，单击"位置"前面的 ⊙（切换动画）按钮，创建关键帧，设置"位置"为（-256.0,300.0）。将时间轴滑动到1秒10帧位置处，设置"位置"为（480.0,300.0），如图2-22所示。

⑥ 显现并选择V3轨道上的"03.png"素材文件，将时间轴滑动到1秒10帧位置处，单击"位置"前面的 ⊙（切换动画）按钮，创建关键帧，设置"位置"为（-11.0,300.0）。将时

间轴滑动到2秒05帧位置处，设置"位置"为（480.0,300.0），如图2-23所示。

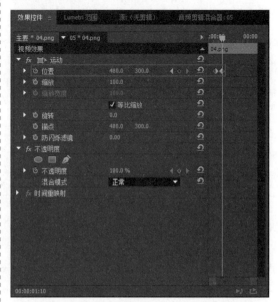

图2-22

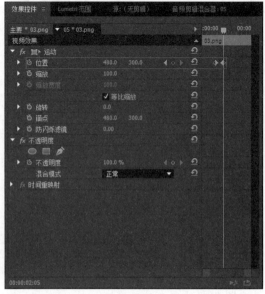

图2-23

7 显现并选择V4轨道上的"02.png"素材文件，将时间轴滑动到2秒05帧位置处，单击"位置"前面的⏱（切换动画）按钮，创建关键帧，设置"位置"为（234.0,300.0）。将时间轴滑动到2秒20帧位置处，设置"位置"为（480.0,300.0），如图2-24所示。

8 显现并选择V5轨道上的"01.png"素材文件，将时间轴滑动到2秒20帧位置处，单击"缩放"前面的⏱（切换动画）按钮，创建关键帧，设置"缩放"为0。将时间轴滑动到3秒10帧位置处，设置"缩放"为100.0，如图2-25所示。

9 滑动时间轴，此时的画面效果如图2-26所示。

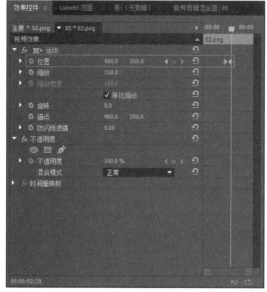

图2-24

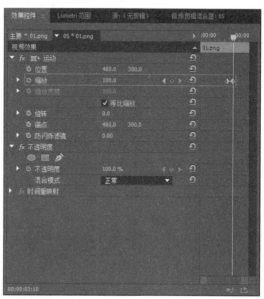

图2-25

图2-26

2.2.2 实例：清新风格短片设计

设计思路

案例类型：

本案例是制作清新风格的动画短片，如图2-27所示。

图2-27

项目诉求：

　　这是一个以浪漫、清新为主题调性的短片。通过清雅、温柔的蔷薇花、瓷瓶以及木质桌面打造出自然、清新、唯美的画面效果，给人以文艺、梦幻的视觉感受。通过添加的半透明色块将文字与图像分隔，使作品画面层次分明，信息能够更加清晰地传达。

设计定位：

　　本案例采用以文字为主、图像为辅的画面构图方式。在最终的画面中，图像作为最后一层的背景成为整体画面的装饰，营造清新、浪漫的作品风格。最前方的文字则作为画面的主体展现在观者面前，文字内容清晰地传递出作品的信息与内涵。

配色方案

　　粉色、灰色与原木色三种色彩的搭配，使画面温馨、自然、淡雅，打造出浪漫、梦幻的视觉效果，给人以治愈、文艺的视觉感受，如图2-28所示。

图2-28

主色：

粉色色彩柔和、淡雅，作为主色，使整个画面更加明快、活泼、雅致，赋予画面以温柔、清新的气息，展现出浪漫、雅致的格调。

　　辅助色：

　　本案例使用自然的原木色作为辅助色，作为桌面色彩，色彩纯度与明度适中，使画面洋溢着自然、朴素的气息，给人以舒适、惬意的感觉。

　　点缀色：

　　叶绿色作为点缀，赋予画面鲜活、旺盛的生命气息，使蔷薇花给人以生机盎然、绽放的视觉感受。同时，叶绿色作为画面中纯度最高的色彩，其色彩饱满、鲜艳，具有极强的视觉吸引力。

版面构图

　　本案例采用对称型的构图方式，主体文字排版均衡、规整，呈现稳定、利落的视觉效果；同时图像作为背景铺满版面，色块的加入降低了视觉吸引力，使观者目光更多地集中于文字。前景文字既形成左、右均衡对称，同时对称构图段落文字又呈现三角形状，上、下两个部分的文字同时形成上下对称，给人以规整有序、层次分明的视觉感受，具有较强的可读性，如图2-29和图2-30所示。

图2-29　　　　　　　　　　　　　　　图2-30

操作思路

　　本案例讲解了在Premiere Pro中使用矩形工具绘制粉色透明矩形，使用文字工具创建文字，最后使用关键帧动画制作位移动画。

操作步骤

❶ 在菜单栏中执行"文件"|"新建"|"项目"命令，在弹出的"新建项目"对话框中设置"名称"，单击"浏览"按钮，设置保存路径，单击"确定"按钮，如图2-31所示。

❷ 在"项目"面板空白处单击鼠标右键，执行"新建项目"|"序列"命令。在弹出的"新建序列"对话框中，选择"DV-PAL"文件夹下的"标准48kHz"，单击"确定"按钮，如图2-32所示。

图2-31

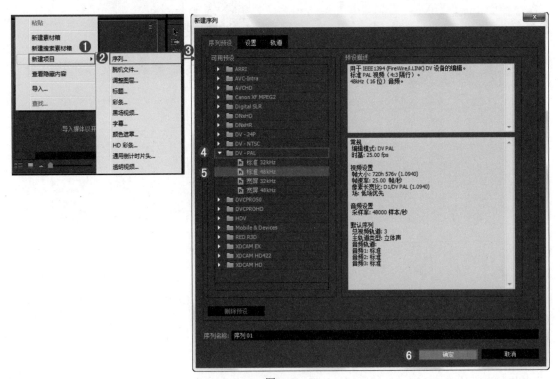

图2-32

❸ 在"项目"面板空白处双击鼠标左键，在弹出的"导入"对话框中选择"背景.jpg"素材文件，单击"打开"按钮，如图2-33所示。

图2-33

❹ 选择"项目"面板中的"背景.jpg"素材文件,按住鼠标左键将其拖曳到V1轨道上,如图2-34所示。

图2-34

❺ 在菜单栏中执行"字幕"|"新建字幕"|"默认静态字幕"命令,在弹出的"新建字幕"对话框中设置"名称",单击"确定"按钮,如图2-35所示。

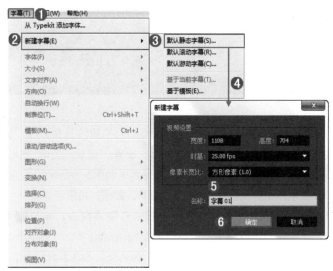

图2-35

⑥ 在工具栏中选择■（矩形工具）按钮，按住鼠标左键在"工作区域"画出矩形，设置"颜色"为粉色，"不透明度"为60%，如图2-36所示。

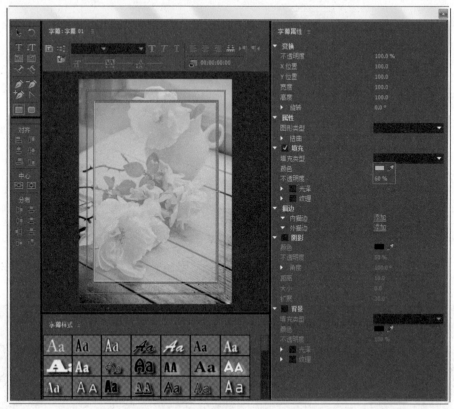

图2-36

⑦ 关闭字幕窗口。选择"项目"面板中的"字幕01"素材文件，按住鼠标左键将其拖曳到V2轨道上，如图2-37所示。

图2-37

⑧ 选择V2轨道上的"字幕01"素材文件，将时间轴滑动到初始位置处，在"效果控件"面板中单击"缩放"前面的⑥（切换动画）按钮，创建关键帧，设置"缩放"为0。将时间轴滑动到1秒位置处，设置"缩放"为100.0，如图2-38所示。此时的画面效果如图2-39所示。

⑨ 继续创建字幕02，按住鼠标左键将其拖曳到V3轨道上，如图2-40所示。

⑩ 选择V3轨道上的"字幕02"文件，双击鼠标左键展开字幕窗口，单击■（文字工具）按钮，在"工作区域"输入字体，设置"字体系列"为"Adobe Arabic"，"颜色"为白色，单击"外描边"后面的"添加"，设置"类型"为深度，"颜色"为白色，如图2-41所示。以同样的方法创建字体"F.R"，如图2-42所示。选择工具箱中的▨（直线工具）按钮，在两行文字的中间位置按住Shift

键的同时按住鼠标左键拖曳绘制一条直线，设置"颜色"为白色，"不透明度"为60%，如图2-43
所示。

图2-38　　　　　　　　　　　　　图2-39

图2-40

图2-41

图2-42

图2-43

⑪ 选择V3轨道上的"字幕02"素材文件，将时间轴滑动到1秒位置处，单击"位置"前面的 （切换动画）按钮，创建关键帧，设置"位置"为（266.0，138.0）。将时间轴滑动到2秒位置处，设置"位置"为（266.0,376.0），如图2-44所示。此时的画面效果如图2-45所示。

⑫ 按同样的方法创建字幕03，按住鼠标左键将其拖曳到V4轨道上，如图2-46所示。

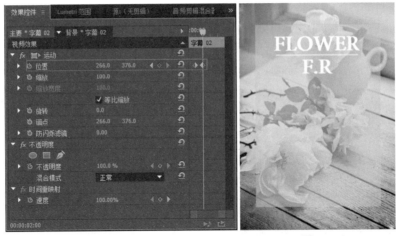

图2-44   图2-45

图2-46

⓭ 选择V4轨道上的"字幕03"文件，双击鼠标左键展开字幕窗口，单击 **T**（文字工具）按钮，在"工作区域"输入文字，设置"字体系列"为"Adobe Arabic"，"字体大小"为35.0，"颜色"为黑色，"不透明度"为60%，如图2-47所示。

图2-47

⚙ 关闭字幕窗口。选择V4轨道上的"字幕03"素材文件，将时间轴滑动到2秒位置处，单击"位置"前面的 ⬤ （切换动画）按钮，创建关键帧，设置"位置"为（266.0，670.0）。将时间轴滑动到3秒位置处，设置"位置"为（266.0,376.0），如图2-48所示。此时的画面效果如图2-49所示。

⚙ 此时本案例制作完成，滑动时间轴，画面效果如图2-50所示。

图2-48　　　　　　　　　　图2-49　　　　　　　　　　图2-50

2.2.3 实例：浪漫感视频

设计思路

案例类型：

　　本案例是图层混合效果展示作品，如图2-51所示。

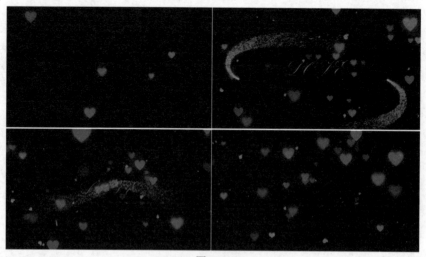

图2-51

项目诉求：

　　本案例通过混合模式改变画面中元素的混合效果，并通过文字制作关键帧画面效果。飘动的爱心素材与黑色背景的融合，打造出浪漫、神秘的画面效果，具有较强的视觉冲击力。

设计定位：

本案例将文字与图形元素进行融合，使画面风格统一，呈现浪漫、华丽、神秘的视觉效果。光点粒子围绕文字滑动，给人以舒展、流畅的感觉，结合线条纤细的字形，带来唯美、秀丽的视觉感受。

配色方案

无彩色的黑色作为背景色进行使用，较低的明度带来神秘、深沉的视觉感受，具有较强的视觉冲击力。草莓红与紫红色两种鲜艳色彩的加入，使画面明度提升，增强了作品的视觉吸引力，如图2-52所示。

图2-52

主色：

黑色作为色彩中明度最低的色彩，具有较强的视觉重量感与冲击力，带来深邃、沉重的视觉感受，营造神秘、寂静的画面气氛。在本案例中使用黑色作为主色，整个画面背景呈现炫酷、神秘、个性的视觉效果。

辅助色：

素材中的爱心特效采用纯度较高的草莓红色进行设计，色彩鲜艳、饱满，给人以娇艳、活泼、热情的感受。草莓红色作为辅助色与黑色搭配，形成鲜明对比，带来极强的视觉刺激。

点缀色：

紫红色作为光波头部的色彩在画面中出现，与草莓红形成邻近色对比，丰富了画面色彩，增添了时尚气息，使整体画面给人以绚丽、迷人的感觉。

版面构图

本案例采用自由式的构图方式，视频中爱心特效呈不规则形态分布，给人以自由、随性的感觉。光波出现后在画面中间移动，向内收缩，吸引观者目光，使文字在画面中一出现就占据视觉焦点位置，可以迅速传达信息。黑色背景与红色爱心特效间形成强烈对比，给人留下热情、浪漫的深刻印象，如图2-53和图2-54所示。

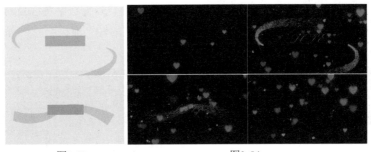

图2-53　　　　　　　　　　　图2-54

操作思路

本案例设置"混合模式"修改素材文件的混合效果，使用文字工具创建文字并制作关键帧画面效果。

操作步骤

❶ 执行"文件"|"新建"|"项目"命令,新建一个项目。执行"文件"|"导入"命令,在弹出的"导入"对话框中单击"素材"文件夹,单击"导入文件夹"按钮,如图2-55所示。

图2-55

❷ 在"项目"面板中选择"01.mov"素材文件,按住鼠标左键将其拖曳到"时间轴"面板中的V1轨道上,此时在"项目"面板中自动生成序列,如图2-56所示。

图2-56

❸ 滑动时间线,此时的画面效果如图2-57所示。

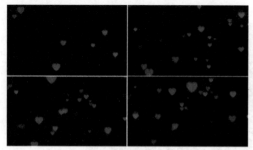
图2-57

❹ 在"时间轴"面板中单击V1轨道上的"01.mov"素材文件,在"效果控件"面板中单击展开"不透明度",设置"不透明度"为70.0%,"混合模式"为滤色,如图2-58所示。

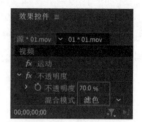
图2-58

❺ 在"项目"面板中将"03.mov"素材文件拖曳到"时间轴"面板中的V2轨道上,如图2-59所示。

图2-59

❻ 在"时间轴"面板中单击V2轨道上的"03.mov"素材文件,在"效果控件"面板中单击展开"不透明度",设置"混合模式"为滤色,如图2-60所示。

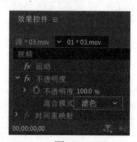
图2-60

❼ 在"项目"面板中将"02.mov"素材文件拖曳到"时间轴"面板中的V3轨道上,如图2-61所示。

图2-61

❽ 在"时间轴"面板中单击V3轨道上的"02

.mov"素材文件,在"效果控件"面板中单击展开"运动",设置"位置"为(960.0,718.0),展开"不透明度",设置"混合模式"为滤色,如图2-62所示。

图2-62

❾ 滑动时间线,此时的画面效果如图2-63所示。

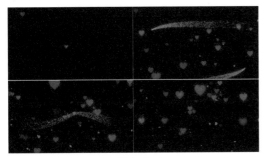

图2-63

❿ 将时间线滑动至1秒01帧位置处,在"工具箱"中单击 **T**(文字工具)按钮,在"节目监视器"面板中合适的位置单击并输入文字LOVE,如图2-64所示。

图2-64

⓫ 在"时间轴"面板中选择V4轨道上的LOVE,在"效果控件"面板中展开"文本(LOVE)"|"源文本",设置合适的"字体系列"和"字体样式","字体大小"为200,"对齐方式"为■(左对齐)和■(顶对

齐),"填充"为红色。展开"变换",设置"位置"为(648.5,603.5),如图2-65所示。

图2-65

⓬ 将时间线滑动至1秒位置处,展开"运动"与"不透明度",单击"缩放""不透明度"前方的 ◎(切换动画)按钮,设置"缩放"为50.0,"不透明度"为0;将时间线滑动到2秒位置处,设置"缩放"为100.0,"不透明度"为100.0%;将时间线滑动到4秒位置处,设置"不透明度"为100.0%;将时间线滑动到5秒位置处,设置"不透明度"为0,如图2-66所示。

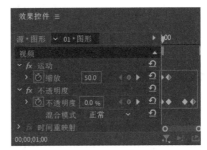

图2-66

⓭ 此时本案例制作完成。滑动时间线,画面效果如图2-67所示。

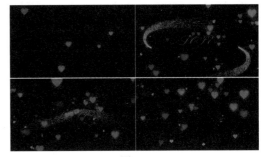

图2-67

第3章

广告设计

· 本章概述 ·

　　广告是用来陈述和推广信息的一种方式。生活中充斥着各类广告，广告的数量在日益增多。随着数量的增多，对于广告设计的要求也越来越高，想要成功地吸引消费者的眼球也不再是一件易事，这就要求在进行广告设计时必须了解和学习广告设计的相关内容。本章主要从广告设计的定义、广告的常见类型、广告设计的版面编排以及广告设计的原则等方面来介绍广告设计。

3.1 广告设计概述

现代广告设计已经从静态的平面广告发展为动态广告，其以多种多样的形式融入生活中吸引我们的眼球。一个好的广告设计能有效地传播信息，从而达到超乎想象的反馈效果。

3.1.1 什么是广告设计

广告，从表面上理解即广而告之。广告设计是通过图像、文字、色彩、版面、图形等元素进行艺术创意而实现广告目的与意图的一种设计活动和过程。在现代商业社会中，广告可以用来宣传企业形象、兜售企业产品及服务和传播某种信息，通过广告的宣传作用增加了产品的附加价值，促进了产品的消费，从而产生一定的经济效益，如图3-1所示。

图3-1

3.1.2 广告的常见类型

随着市场竞争的日益激烈，如何使自己的产品从众多同类产品中脱颖而出一直是困扰商家的难题，利用广告进行宣传自然成为一个很好的途径。这也就促进了广告业的迅速发展，广告的类型也趋向多样化。其常见类型有平面广告、电商广告、户外广告、影视广告、媒体广告等。

1. 平面广告

平面广告主要是以静态的形态呈现，包含图形、文字、色彩等诸多要素。其表现形式多种多样，如绘画的、摄影的、拼贴的等。平面广告多以二维形态进行传递，刊载的信息有限，但具有随意性，可进行大批量的生产，可作为视频开屏广告出现或是以植入的形式出现在视频的下方。具体来说，平面广告包含报纸杂志广告、招贴广告等。

报纸杂志广告通常占据其载体的一小部分，与报纸杂志一同销售，一般适用于展销、展览、劳

务、庆祝、航运、通知、招聘等。其内容繁杂，但语言简短、精练，广告费用较为实惠，具有一定
的经济性、持续性，如图3-2所示。

图3-2

招贴广告是一种集艺术与设计为一体的广告形式，其表现形式更富有创意和审美性。它所带来
的不仅仅是经济效益，对于消费者精神文化方面也有一定的影响，如图3-3所示。

图3-3

2.电商广告

电商广告将电子商务与广告两者结合，商家或电商广告平台根据消费者的消费习惯、行为特征
精准定位，有针对性地匹配个性化广告，形成广告的有效投放，如图3-4所示。

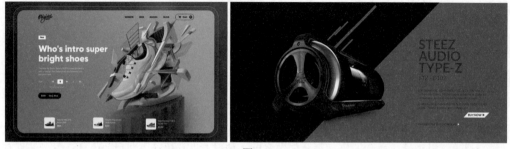

图3-4

3.户外广告

户外广告主要投放在交通流量较大、较为公众的室外场地。具体来说，户外广告包含灯箱广

告、霓虹灯广告、车身广告、场地广告、路牌广告等。

灯箱广告主要用于企业宣传,一般放在建筑物的外墙上、楼顶、裙楼等位置。白天为彩色广告牌,晚上亮灯则成为内打灯,向外发光。经过照明后,广告的视觉效果更加强烈,如图3-5所示。

图3-5

霓虹灯广告通过利用不同颜色的霓虹管制成文字或图案,夜间呈现一种闪动灯光模式,动感而耀眼,如图3-6所示。

图3-6

车身广告是一种置于公交车或专用汽车两侧的广告。其传播方式具有一定的流动性,传播区域较广泛,如图3-7所示。

图3-7

场地广告是指置于地铁、火车站、机场等地点范围内的各种广告,如在扶梯、通道、车厢等位置,如图3-8所示。

图3-8

路牌广告主要置于公路或交通要道两侧，近年来还出现了一种新型画面可切换路牌广告。路牌广告形式多样、立体感较强、画面十分醒目，能够更快地吸引观者眼球，如图3-9所示。

图3-9

4.影视广告

影视广告是一种以叙事方式来宣传的广告。其吸收了多种艺术形式的特点，如音乐、电影、文学艺术等，使得作品更富感染力和号召力。其主要包括电影广告和动画广告，如图3-10所示。

图3-10

5.媒体广告

媒体广告是以某种媒介为宣传手段的广告。它既包括传统的四大传播方式，也包括新兴的互联网形式。

互联网广告是指利用网络发放广告，有弹出式、文本链接式、直接阅览式、邮件式、点击式等多种方式，如图3-11所示。

图3-11

电视广告是一种以电视为媒介的传播信息的广告。其时间长短依内容而定，具有一定的独占性和广泛性，如图3-12所示。

图3-12

3.1.3 广告设计的版面编排

广告设计的版面编排就是将图形、文字、色彩等各种要素和谐地安排在同一版面上，形成一个完整的画面，将内容传达给受众。不同的诉求效果需要不同的构图。一些常见的版面编排方式如下。

满版型：自上而下或自左而右进行内容的排布，整个画面饱满丰富，如图3-13所示。

图3-13

重心型：视焦点会集聚在画面的中心，是一种稳定的编排方式，如图3-14所示。

分割型：分为左右分割和上下分割、对称分割和非对称分割，如图3-15所示。

图3-14

图3-15

倾斜型：插图或文字倾斜编排，使画面更具有动感，或者营造一种不稳定的氛围，如图3-16所示。

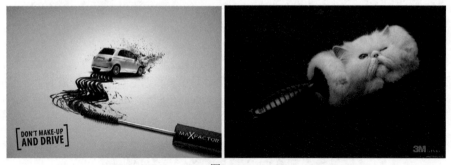

图3-16

3.1.4 广告设计的原则

现代广告设计原则是根据广告的本质、特征、目的所提出的根本性、指导性的准则和观点。其主要包括真实性原则、关联性原则、创新性原则、形象性原则。

真实性原则：真实性是广告设计的基础，是广告设计的首要原则。广告的宣传内容、商品形象与艺术表达应与商品自身的特征相一致，对产品与服务进行真实传达。

关联性原则：关联性是广告创意设计的重要原则，是广告设计合理性的体现。广告设计要与产品、品牌、竞争者、目标用户相关联，针对产品的属性与功能、竞争对手的优缺点与消费者的需求精准投放广告。

创新性原则：优秀的广告设计需要不断加入优秀的创意思想，创新是使广告设计得到人们的关注、接受的重要方法。创新性原则有助于展现鲜明的品牌特征，通过广告思维的创新、宣传形式的创新、视觉语言的创新使广告脱颖而出。

形象性原则：产品形象与品牌形象是消费者对于产品及品牌的认知和评价，是影响消费者购买行为的重要因素。运用一定的艺术表现手法，修饰和塑造产品形象，可以增强广告的吸引力。

3.2 广告设计实战

3.2.1 实例：新鲜水果创意广告

设计思路

案例类型：

本案例是新鲜水果创意宣传广告设计，如图3-17所示。

图3-17

项目诉求：

本案例以宣传新鲜水果为主题，通过不规则的构图摆放与多种鲜艳色彩的搭配，以及卡通元素的使用，打造出活泼、俏皮、灵动的视觉效果，给人以趣味横生、可爱、鲜活的视觉感受。倾斜的文字通过错落的摆放呈现灵动、自由、错落有致的视觉效果，在不影响文字的可阅读性的同时活跃了整体气氛。

设计定位：

本案例采用以文字为主、图像为辅的画面构图方式。逐渐清晰的云朵与蔚蓝辽阔的天空相映成趣，赋予画面悠然、自由、广袤的气息。热气球、彩旗以及拟人化的水果形象使整体画面充满自由、鲜活的气息，清晰、线条流畅的文字使整体广告调性展现出俏皮、可爱、灵动的风格，有益于吸引观者。

配色方案

天蓝色与海蓝色形成邻近色搭配，赋予画面清凉、清新的气息，而橙色、红色、黄色、绿色等鲜艳色彩的点缀，使画面色彩更加丰富，可以迅速地吸引观者目光，如图3-18所示。

图3-18

主色：

天蓝色与海蓝色相结合，勾勒出广袤悠远的天空色彩，冷色调的蓝色作为画面主色调，营造出清爽、静谧的画面氛围，具有较强的感染力，给人以惬意、舒适的感觉。

辅助色：

本案例使用了明度极高的白色作为辅助色，与蓝色天空的搭配相得益彰的同时，提升了画面亮度，给人留下明快、洁净的印象，令人心旷神怡。

点缀色：

橙色、红色、黄色、绿色等色彩作为点缀色出现，赋予画面活力，作为画面的点睛之笔，色彩饱满、艳丽，带来极强的视觉刺激，可以迅速吸引观者的眼球。

版面构图

本案例采用三角形的构图方式，通过云朵与彩旗的构图组合形成三角形，具有较强的视觉稳定性，同时给人以灵动、外放的感觉。悠远广阔的天空背景与花朵、卡通图形等元素的出现，使整体画面极为活泼、俏皮，充满童趣与可爱的视觉效果，易获得观者的喜爱。文字位于画面的下方，倾斜放置的同时形成平稳的布局，增强沉稳感，使画面构图更加饱满、稳定、均衡，给人以和谐、整齐的视觉感受，如图3-19和图3-20所示。

图3-19

图3-20

操作思路

本案例讲解在Premiere Pro中为"不透明度""位置"属性添加关键帧动画，制作创意宣传广告的动画背景。

操作步骤

1 在菜单栏中执行"文件"|"新建"|"项目"命令，在弹出的"新建项目"对话框中设置"名称"，单击"浏览"按钮，设置保存路径，单击"确定"按钮。在"项目"面板空白处双击鼠标左键，在弹出的"导入"对话框中导入全部素材文件，单击"打开"按钮，如图3-21所示。

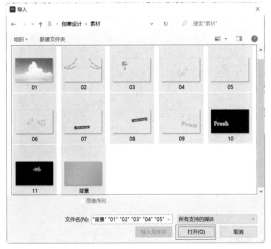

图3-21

2 选择"项目"面板中的"背景.jpg""01.png""02.png"素材文件，按住鼠标左键将其拖曳到V1、V2、V3轨道上，并分别设置结束帧为23秒，如图3-22所示。

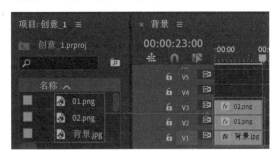

图3-22

3 此时的画面效果如图3-23所示。

4 选择V2轨道上的"01.png"素材文件，将时间轴滑动到初始帧位置处，单击"不透明度"前面的 （切换动画）按钮，创建关键帧，设置"不透明度"为0，如图3-24所示；将时间轴滑动到2秒位置处，设置"不透明度"为100.0%。

图3-23

图3-24

5 选择V3轨道上的"02.png"素材文件，将时间轴滑动到2秒位置处，单击"位置"前面的 （切换动画）按钮，创建关键帧，设置"位置"为（1240.0,21.5），如图3-25所示；将时间轴滑动到4秒位置处，设置"位置"为（1240.0,753.5）。

图3-25

6 滑动时间线，此时的画面效果如图3-26所示。

图3-26

7 选择"项目"面板中的"03.png"到"11.png"素材文件，按住鼠标左键将其拖曳到V4~V12轨道上，并分别设置结束帧为23秒，如图3-27所示。

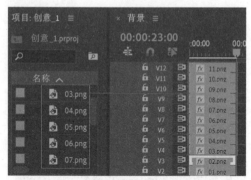

图3-27

8 选择V4轨道上的"03.png"素材文件，将时间轴滑动到4秒位置处，单击"位置"前面的 （切换动画）按钮，创建关键帧，设置"位置"为（181.8,1173.7），如图3-28所示。将时间轴滑动到6秒位置处，设置"位置"为（1240.0,753.5）。

图3-28

9 选择V5轨道上的"04.png"素材文件，设置"位置"及"锚点"均为（1268.3,965.6），将时间轴滑动到6秒位置处，单击"缩放"和"旋转"前面的 （切换动画）按钮，创建关键帧，设置"缩放"为0.0，"旋转"为0.0，如图3-29所示。将时间轴滑动到8秒位置处，设置"缩放"为100，"旋转"为1x0.0°。

10 选择V6轨道上的"05.png"素材文件，将时间轴滑动到8秒位置处，单击"不透明度"前面的 （切换动画）按钮，创建关键帧，设置"不透明度"为0，如图3-30所示。将时间轴滑动到10秒位置处，设置"不透明度"为100.0%。

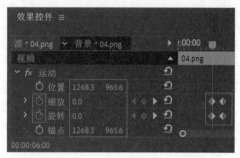

图3-29

图3-30

11 选择V7轨道上的"06.png"素材文件，将时间轴滑动到10秒位置处，单击"不透明度"前面的 （切换动画）按钮，创建关键帧，设置"不透明度"为0，如图3-31所示。将时间轴滑动到12秒位置处，设置"不透明度"为100.0%。

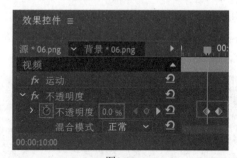

图3-31

12 选择V8轨道上的"07.png"素材文件，将时间轴滑动到12秒位置处，单击"位置"前面的 （切换动画）按钮，创建关键帧，设置"位置"为（-795.7,1181.8），如图3-32所示。将时间轴滑动到14秒位置处，设置"位置"为（1240.0,753.5）。

13 选择V9轨道上的"08.png"素材文件，将时间轴滑动到14秒位置处，单击"位置"前面的 （切换动画）按钮，创建关键帧，设置"位置"为（2795.0,357.6），如图3-33所示。

将时间轴滑动到16秒位置处，设置"位置"为
（1240.0,753.5）。

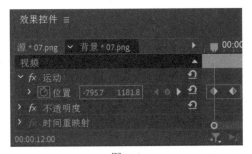

图3-32

图3-33

⑭ 选择V10轨道上的"09.png"素材文件，将
时间轴滑动到16秒位置处，单击"位置"前
面的 ⑥（切换动画）按钮，创建关键帧，设置
"位置"为（2524.4,1048.4），如图3-34所示。
将时间轴滑动到18秒位置处，设置"位置"为
（1240.0,753.5）。

图3-34

⑮ 选择V11轨道上的"10.png"素材文件，将
时间轴滑动到18秒位置处，单击"位置"前
面的 ⑥（切换动画）按钮，创建关键帧，设置
"位置"为（7.7,763.8），如图3-35所示。将
时间轴滑动到20秒位置处，设置"位置"为
（1240.0,753.5）。

图3-35

⑯ 选择V12轨道上的"11.png"素材文件，将时
间轴滑动到20秒位置处，单击"位置"和"不
透明度"前面的 ⑥（切换动画）按钮，创建关键
帧，设置"位置"为（1240.0,117.5），"不透
明度"为0，如图3-36所示。将时间轴滑动到22
秒位置处，设置"位置"为（1240.0,753.5），
"不透明度"为100.0%。

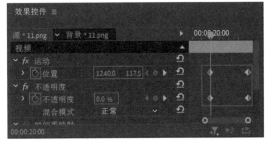

图3-36

⑰ 此时本案例制作完成。滑动时间线，画面效
果如图3-37所示。

图3-37

3.2.2 实例：纯净水广告

设计思路

案例类型：

本案例是关于纯净水的产品宣传广告设计作品，如图3-38所示。

图3-38

项目诉求：

本案例以展示纯净水的天然、纯净、健康为切入点，将自然、安全、纯净作为设计要点，通过渐变的浅色背景与水珠等元素赋予画面鲜活、灵动的气息，给人以该产品源自自然提取的感觉，增强消费者的信任感。

设计定位：

本案例采用以图像为主、文字为辅的画面构图方式。仅在产品瓶身包装处展示名称，使产品与水元素铺满版面，形成较强的视觉冲击力与吸引力，将消费者的注意力引导至产品，从而吸引消费者了解产品。同时，整体画面色彩明度较高，给人留下清新、淡雅、洁净的印象。

配色方案

亮灰色与淡青色等色彩的搭配，使整体画面色彩明度较高，具有较强的视觉冲击力的同时，打造出明快、清爽、洁净的视觉效果，如图3-39所示。

图3-39

主色：

亮灰色作为背景色，占据画面较大面积，兼具白色的亮眼与黑色的沉稳，打造出稳定、明亮、安静的视觉效果。同时，四角的暗角效果带来色彩渐变的视觉感受，丰富了画面背景的细节感。

辅助色：

本案例使用了明度较高的淡青色作为辅助色，与亮灰色背景分列两端，展现清凉、干净、清爽的视觉效果，使产品天然、洁净、健康的宣传点更具说服力。

点缀色：

亮灰色与淡青色的搭配使画面色调较为统一，呈现浅色的冷色调，充满清爽、恬淡的格调。但浅色调色彩纯度较低，视觉冲击力较弱，因此使用红色、柠檬黄以及嫩绿色作为点缀，丰富了画面色彩，提升了作品的视觉冲击力。

版面构图

本案例采用三角形的构图方式，将画面重心放置在下方，形成稳定、平衡的视觉效果，有利于提升观者的信任感。水元素位于版面的下方，产品位于上方，使画面更加平衡、有序。同时，迸发的水珠给观者以产品冲出水面的感觉，具有较强的动感与视觉冲击力。产品瓶身文字位于画面中央位置，具有鲜明、醒目的特点，可以快速传递产品信息，如图3-40和图3-41所示。

图3-40

图3-41

操作思路

本案例讲解了在Premiere Pro中为"位置""不透明度""缩放高度"属性添加关键帧动画，制作纯净水广告中的水花背景效果。

操作步骤

1 在菜单栏中执行"文件"|"新建"|"项目"命令，在弹出的"新建项目"对话框中设置"名称"，单击"浏览"按钮，设置保存路径，单击"确定"按钮。在"项目"面板空白处双击鼠标左键，在弹出的"导入"对话框中导入所有素材文件，单击"打开"按钮，如图3-42所示。

2 选择"项目"面板中的"背景.jpg""01.png""02.png""03.png"和"04.png"素材文件，按住鼠标左键将其拖曳到V1~V5轨道上，并分别设置结束帧为18秒，如图3-43所示。

3 此时的画面效果如图3-44所示。

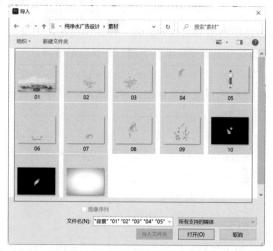

图3-42

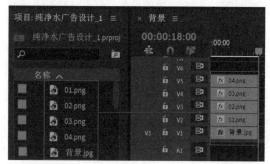

图3-43

图3-44

4 选择V2轨道上的"01.png"素材文件,将时间轴滑动到1秒位置处,单击"位置"和"不透明度"前面的 ◎(切换动画)按钮,创建关键帧,设置"位置"为(1178.5,1695.5),"不透明度"为0,如图3-45所示。将时间轴滑动到2秒15帧位置处,设置"位置"为(1178.5,820.5),"不透明度"为100.0%。

5 选择V3轨道上的"02.png"素材文件,取消

选中"等比缩放"复选框。将时间轴滑动到2秒15帧位置处,单击"位置"和"缩放高度"前面的 ◎(切换动画)按钮,创建关键帧,设置"位置"为(1178.5,1330.5),"缩放高度"为0.0,如图3-46所示。将时间轴滑动到4秒位置处,设置"位置"为(1178.5,820.5),"缩放高度"为100.0。

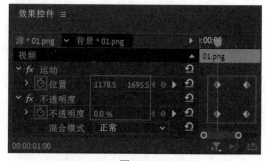

图3-45

图3-46

6 选择V4轨道上的"03.png"素材文件,取消选中"等比缩放"复选框。将时间轴滑动到4秒位置处,单击"位置"和"缩放高度"前面的 ◎(切换动画)按钮,创建关键帧,设置"位置"为(1178.5,1318.5),"缩放高度"为0.0,如图3-47所示。将时间轴滑动到6秒位置处,设置"位置"为(1178.5,820.5),"缩放高度"为100.0。

图3-47

7 选择V5轨道上的"04.png"素材文件，设置"位置"及"锚点"均为（1091.7,448.0）。将时间轴滑动到6秒位置处，单击"缩放"前面的 ■（切换动画）按钮，创建关键帧，设置"缩放"为0.0，如图3-48所示。将时间轴滑动到7秒位置处，设置"缩放"为100.0。

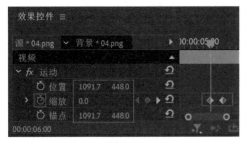

图3-48

8 此时的画面效果如图3-49所示。

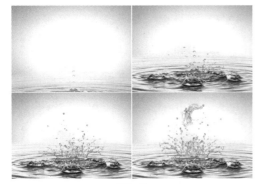

图3-49

9 选择"项目"面板中的"05.png"到"11.png"素材文件，按住鼠标左键将其拖曳到V6~V12轨道上，并分别设置结束帧为18秒，如图3-50所示。

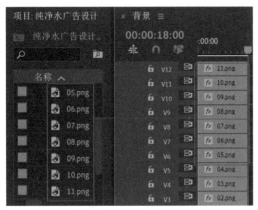

图3-50

10 选择V6轨道上的"05.png"素材文件，将时间轴滑动到7秒位置处，单击"不透明度"前面的 ■（切换动画）按钮，创建关键帧，设置"不透明度"为0，如图3-51所示。将时间轴滑动到8秒10帧位置处，设置"不透明度"为100.0%。

图3-51

11 选择V7轨道上的"06.png"素材文件，将时间轴滑动到8秒10帧位置处，单击"位置"前面的 ■（切换动画）按钮，创建关键帧，设置"位置"为（1178.5，1341.5），如图3-52所示。将时间轴滑动到10秒位置处，设置"位置"为（1178.5,820.5）。

图3-52

12 选择V8轨道上的"07.png"素材文件，将时间轴滑动到10秒位置处，单击"位置"前面的 ■（切换动画）按钮，创建关键帧，设置"位置"为（2413.5，820.5），如图3-53所示。将时间轴滑动到11帧位置处，设置"位置"为（1178.5,820.5）。

13 选择V9轨道上的"08.png"素材文件，将时间轴滑动到11秒位置处，单击"位置"前面的 ■（切换动画）按钮，创建关键帧，设置"位置"为（-279.5，820.5），如图3-54所示。将时间轴滑动到12秒位置处，设置"位置"为（1178.5，820.5）。

图3-53

图3-54

14 选择V10轨道上的"09.png"素材文件，将时间轴滑动到12秒位置处，单击"位置"和"不透明度"前面的 ● （切换动画）按钮，创建关键帧，设置"位置"为（1178.5，-598.5），"不透明度"为0，如图3-55所示。将时间轴滑动到13秒位置处，设置"位置"为（1178.5，820.5），"不透明度"为100.0%。

图3-55

15 选择V11轨道上的"10.png"素材文件，将时间轴滑动到13秒位置处，单击"缩放"和"不透明度"前面的 ● （切换动画）按钮，创建关键帧，设置"缩放"为634.0，"不透明度"为0，如图3-56所示。将时间轴滑动到15秒位置处，设置"缩放"为100.0，"不透明度"为100.0%。

图3-56

16 选择V12轨道上的"11.png"素材文件，将时间轴滑动到15秒位置处，单击"缩放"和"不透明度"前面的 ● （切换动画）按钮，创建关键帧，设置"缩放"为654.0，"不透明度"为0，如图3-57所示。将时间轴滑动到17秒位置处，设置"缩放"为100.0，"不透明度"为100.0%。

图3-57

17 此时本案例制作完成。滑动时间线，画面效果如图3-58所示。

图3-58

3.2.3 实例：庆典广告

案例类型：

本案例是活动庆典的宣传广告作品，如图3-59所示。

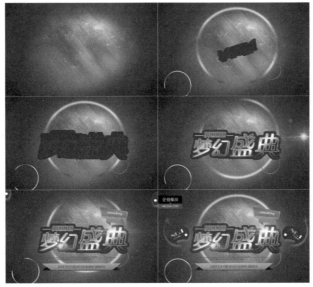

图3-59

项目诉求：

这是一个以梦幻、浪漫为风格的庆典活动宣传广告设计。通过渐变的背景与浩瀚星空的搭配营造唯美、浪漫的效果，凸显梦幻、雅致的格调，旨在显示庆典的盛大与高端，具有较强的视觉吸引力。

设计定位：

本案例采用以文字为主、图像为辅的画面构图方式。圆环元素中的星空背景闪耀夺目，展现了星空的梦幻、奇异、美妙，提升了画面的吸引力。中央的文字直截了当地点明庆典的主题，并且通过正文的介绍将庆典信息传递给观者，便于观者了解活动内容。

配色方案

梦幻的蓝紫色与淡雅的淡紫色的搭配，将梦幻、浪漫的气息展现得淋漓尽致，同时橙黄色的点缀使画面具有较强的视觉冲击力，如图3-60所示。

图3-60

主色：

蓝紫色色彩鲜艳、丰满，作为画面主色，展现了庆典活动的高端、富丽，颇具神秘感，而画面暗角效果产生的色彩过渡，使画面更具空间感与通透感，呈现星光绽放的视觉效果。

辅助色：

本案例使用色彩纯度较低的淡紫色作为辅助色，色彩明亮、清新，与蓝紫色形成鲜明的明暗对比，提升了画面的视觉吸引力。

点缀色：

橙黄色作为画面的点缀色，与蓝紫色调的画面形成鲜明的冷暖对比，在唯美、梦幻的画面中增添了鲜活、明媚的气息，增强了广告的视觉冲击力。

版面构图

本案例采用重心型的构图方式，将主体文字与装饰元素在画面中央部位呈现，具有较强的视觉冲击力与吸引力。淡紫色调的星空背景与四角的深蓝紫色形成渐变，强化了画面色彩的视觉表现力，尽显浪漫与唯美。文字位于中央位置，可以快速地传达广告主题；同时使用粉色、白色、深紫色等色彩进行设计，使文字呈现金属光泽，给人以耀眼、立体的感觉，如图3-61和图3-62所示。

图3-61

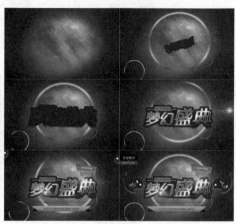

图3-62

操作思路

本案例讲解了在Premiere Pro中为"旋转""不透明度"属性设置关键帧动画。

操作步骤

❶ 在菜单栏中执行"文件"|"新建"|"项目"命令，在弹出的"新建项目"对话框中设置"名称"，单击"浏览"按钮，设置保存路径，单击"确定"按钮。在"项目"面板空白处双击鼠标左键，在弹出的"导入"对话框中导入所有素材文件，单击"打开"按钮，如图3-63所示。

❷ 选择"项目"面板中的"背景.jpg""01.png""02.png"和"03.png"素材文件，按住鼠标左键将其拖曳到V1~V4轨道上，并分别设置结束帧为1分钟，如图3-64所示。

❸ 此时的画面效果如图3-65所示。

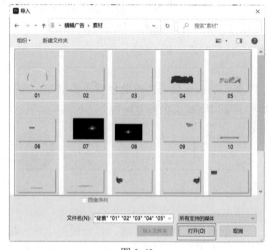

图3-63

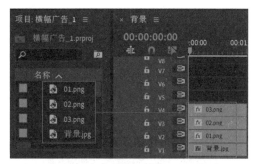

图3-64

图3-65

4 选择V2轨道上的"01.png"素材文件，设置"位置"及"锚点"均为（531.3,279.6）。将时间轴滑动到起始位置处，单击"旋转"和"不透明度"前面的 ⦿（切换动画）按钮，创建关键帧，设置"旋转"为0.0°，"不透明度"为0，如图3-66所示。将时间轴滑动到13秒10帧位置处，设置"不透明度"为100.0%；将时间轴滑动到59秒位置处，设置"旋转"为15x0.0°。

图3-66

5 选择V3轨道上的"02.png"素材文件，设置"位置"及"锚点"均为（746.0，431.5）。将时间轴滑动到4秒位置处，单击"旋转"和"不透明度"前面的 ⦿（切换动画）按钮，创建关键帧，设置"旋转"为0.0°，"不透明度"为0，

如图3-67所示。将时间轴滑动到13秒10帧位置处，设置"不透明度"为100.0%；将时间轴滑动到59秒位置处，设置"旋转"为15x0.0°。

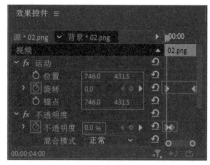

图3-67

6 选择V4轨道上的"03.png"素材文件，设置"位置"及"锚点"均为（133.3,527.8）。将时间轴滑动到6秒位置处，单击"旋转"和"不透明度"前面的 ⦿（切换动画）按钮，创建关键帧，设置"旋转"为0.0°，"不透明度"为0，如图3-68所示。将时间轴滑动到13秒10帧位置处，设置"不透明度"为100.0%；将时间轴滑动到59秒位置处，设置"旋转"为15x0.0°。

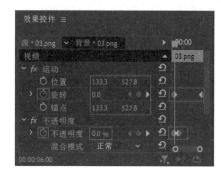

图3-68

7 滑动时间线，此时的画面效果如图3-69所示。

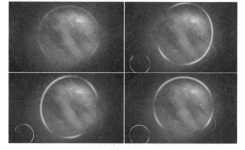

图3-69

8 选择"项目"面板中的"04.png"到"09.png"

素材文件，按住鼠标左键将其依次拖曳到V5~V10轨道上，并分别设置结束帧为1分钟，如图3-70所示。

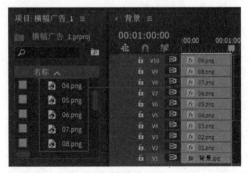

图3-70

⑨ 选择V5轨道上的"04.png"素材文件，设置"位置"及"锚点"均为（523.9,313.0）。将时间轴滑动到8秒位置处，单击"缩放"和"旋转"前面的◎（切换动画）按钮，创建关键帧，设置"缩放"为0.0，"旋转"为0.0°，如图3-71所示。将时间轴滑动到20秒位置处，设置"缩放"为100.0，"旋转"为0x0.0°。

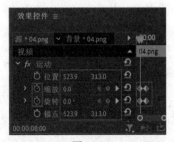

图3-71

⑩ 选择V6轨道上的"05.png"素材文件，将时间轴滑动到20秒位置处，单击"不透明度"前面的◎（切换动画）按钮，创建关键帧，设置"不透明度"为0，如图3-72所示。将时间轴滑动到30秒位置处，设置"不透明度"为100.0%。

图3-72

⑪ 选择V7轨道上的"06.png"素材文件，将时间轴滑动到30秒位置处，单击"位置"前面的◎（切换动画）按钮，创建关键帧，设置"位置"为（4.5,300.0），如图3-73所示。将时间轴滑动到40秒位置处，设置"位置"为（503.5,300.0）。

图3-73

⑫ 选择V8轨道上的"07.png"素材文件，设置"混合模式"为滤色，将时间轴滑动到40秒位置处，单击"位置"前面的◎（切换动画）按钮，创建关键帧，设置"位置"为（1067.5,300.0），如图3-74所示。将时间轴滑动到43秒位置处，设置"位置"为（503.5,300.0）。

图3-74

⑬ 选择V9轨道上的"08.png"素材文件，设置"混合模式"为滤色，将时间轴滑动到43秒位置处，单击"位置"前面的◎（切换动画）按钮，创建关键帧，设置"位置"为（-86.5,300.0），如图3-75所示。将时间轴滑动到45秒位置处，设置"位置"为（503.5,300.0）。

图3-75

⑭ 选择V10轨道上的"09.png"素材文件，取消选中"等比缩放"复选框，将时间轴滑动到45秒位置处，单击"位置"和"缩放高度"前面的⚪（切换动画）按钮，创建关键帧，设置"位置"为（503.5,219.0），"缩放高度"为0.0，如图3-76所示。将时间轴滑动到50秒位置处，设置"位置"为（503.5,300.0），"缩放高度"为100.0。

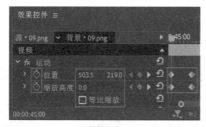

图3-76

⑮ 滑动时间线，此时的画面效果如图3-77所示。

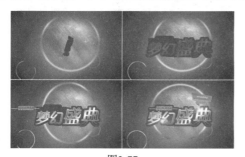

图3-77

⑯ 选择"项目"面板中的"10.png"到"15.png"素材文件，按住鼠标左键将其拖曳到V11~V16轨道上，如图3-78所示。

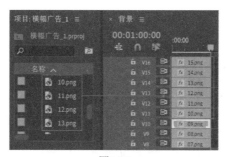

图3-78

⑰ 选择V11轨道上的"10.png"素材文件，将时间轴滑动到50秒位置处，单击"位置"前面的⚪（切换动画）按钮，创建关键帧，设置"位置"为（503.5,429.0），如图3-79所示。将时间轴滑动到51秒位置处，设置"位置"为（503.5,300.0）。

图3-79

⑱ 选择V12轨道上的"11.png"素材文件，将时间轴滑动到51秒位置处，单击"位置"前面的⚪（切换动画）按钮，创建关键帧，设置"位置"为（503.5,413.0），如图3-80所示。将时间轴滑动到52秒位置处，设置"位置"为（503.5,300.0）。

图3-80

⑲ 选择V13轨道上的"12.png"素材文件，将时间轴滑动到52秒位置处，单击"位置"前面的⚪（切换动画）按钮，创建关键帧，设置"位置"为（503.5,479.0）。将时间轴滑动到53秒位置处，设置"位置"为（503.5,300.0），如图3-81所示。

图3-81

⑳ 选择V14轨道上的"13.png"素材文件，将时间轴滑动到53秒位置处，单击"位置"前面的⚪（切换动画）按钮，创建关键帧，设置"位置"为（269.2,-51.4），如图3-82所示。将时间轴滑动到54秒位置处，设置"位置"为（503.5,300.0）。

㉑ 选择V15轨道上的"14.png"素材文件，设置"锚点"为（470.6,287.7）。将时间轴滑动到53秒位置处，单击"位置"前面的⚪（切换动画）

按钮，创建关键帧，设置"位置"为（661.7，-4.1）；将时间轴滑动到54秒位置处，设置"位置"为（468.6，287.7），如图3-83所示。

图3-82

图3-83

㉒ 选择V16轨道上的"15.png"素材文件，将时间轴滑动到54秒位置处，单击"位置"前面的 📷 （切换动画）按钮，创建关键帧，设置"位置"为（344.5，300.0），如图3-84所示。将时间轴滑动

到56秒位置处，设置"位置"为（503.5，300.0）。

图3-84

㉓ 此时本案例制作完成。滑动时间线，画面效果如图3-85所示。

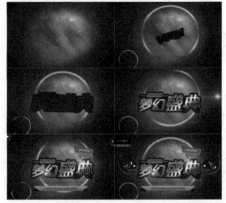

图3-85

3.2.4 实例：香水广告

设计思路

案例类型：

本案例是香水产品宣传广告，如图3-86所示。

图3-86

项目诉求：

　　这是一款花香型香水的宣传广告作品，围绕香水瓶的不同花朵使整幅画面萦绕着芬芳馥郁的花香。人物陶醉的神态与抚摸肌肤的动作切合主题，呈现优雅、自然的视觉效果。

设计定位：

　　本案例采用以图像为主、文字为辅的画面构图方式。人物的神态仿佛在说明香水的气味令人陶醉，给人以真实、生动的感觉。同时，画面构图向内集中，引导观者目光向文字与产品移动。

配色方案

　　淡紫色与肤色两种高明度色彩形成较强的对比，同时大面积的浅色打造出明快、清新、纯净的风格，玫紫色与深紫色的花卉作为点睛之笔装点画面，为作品增添细节，如图3-87所示。

图3-87

　　主色：

　　淡紫色色彩柔和、淡雅，呈现安静、淡雅的视觉效果，作为广告主色调，展现优雅、恬静的风格，为观者带来自然、惬意的视觉体验。

　　辅助色：

　　本案例使用暖色调的肤色作为辅助色，与画面主色调形成一定对比；同时肤色的纯度较高，视觉重量感更强，能够更加清晰地传递人物陶醉的神态。

　　点缀色：

　　玫紫色与深紫色作为辅助色丰富了画面的色彩，既与淡紫色背景形成纯度对比，同时色彩鲜艳、饱满的玫紫色与深紫色具有较强的视觉表现力，富含生机，赋予画面生命力。

版面构图

　　本案例采用向心式的构图方式，以香水产品为中心，花朵元素围绕其进行放置，形成朝向内侧的构图，具有较强的视觉凝聚力，将观者目光集中至产品与文字；左侧的装饰元素较多，与右侧的人像形成相对均衡的形式，给人以平衡、饱满的感觉。纤细、秀美的艺术字居中摆放，呈现清晰、柔美的效果，使文字内容一目了然，极具视觉美感，如图3-88和图3-89所示。

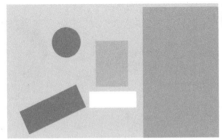

图3-88　　　　　　　　　　　　图3-89

操作思路

　　本案例讲解了在Premiere Pro中使用"超级键"效果抠除人像背景，完成香水广告合成效果。

操作步骤

1️⃣ 在菜单栏中执行"文件"|"新建"|"项目"命令，在弹出的"新建项目"对话框中设置"名称"，单击"浏览"按钮，设置保存路径，单击"确定"按钮。在"项目"面板空白处双击鼠标左键，在弹出的"导入"对话框中导入所需的"01.jpg"和"02.jpg"素材文件，单击"打开"按钮，如图3-90所示。

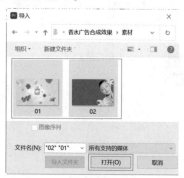

图3-90

2️⃣ 选择"项目"面板中的"01.jpg"和"02.jpg"素材文件，按住鼠标左键将其拖曳到V1和V2轨道上，如图3-91所示。

图3-91

3️⃣ 此时的画面效果如图3-92所示。

图3-92

4️⃣ 选择V2轨道上的"02.jpg"素材文件，在"效果"面板中搜索"超级键"效果，按住鼠标左键将其拖曳到"02.jpg"素材文件上，如图3-93所示。

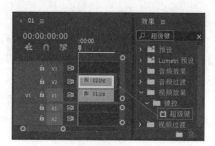

图3-93

5️⃣ 在"效果控件"面板中展开"超级键"效果，单击"主要颜色"后面的🖋（吸管），在"节目"监视器中吸取蓝色，如图3-94所示。

图3-94

6️⃣ 在"效果控件"面板中展开"遮罩清除"，设置"抑制"为25.0，如图3-95所示。此时的画面效果如图3-96所示。

图3-95

图3-96

7️⃣ 执行"文件"|"新建"|"旧版标题"命令（见图3-97），即可打开"字幕"面板。

图3-97

"字幕01"，单击"确定"按钮。在"字幕01"面板中单击▯（文字工具）按钮，在工作区域中合适的位置输入文字内容，设置合适的"字体系列"和"字体样式"，设置"字体大小"为80.0，"填充类型"为实底，"颜色"为紫色，选中"阴影"复选框，设置"不透明度"为40%，"角度"为80.0°，"距离"为10.0，"大小"为0.0，"扩展"为30.0，如图3-98所示。设置完成后，关闭"字幕01"面板。

8 弹出"新建字幕"对话框，设置"名称"为

图3-98

9 选择"项目"面板中的"字幕01"素材文件，按住鼠标左键将其拖曳到V3轨道上，如图3-99所示。

图3-99

10 此时本案例制作完成。滑动时间线，画面效果如图3-100所示。

图3-100

3.2.5 实例：创意广告

设计思路

案例类型：

本案例是合成广告设计作品，如图3-101所示。

图3-101

项目诉求：

这是一则合成广告的展示效果。通过照射在海面的光线打造波澜壮阔、朦胧梦幻的海洋效果，继而模特缓缓浮出水面并最终定格，美妙的身姿不禁令人想到美丽的人鱼，充满浪漫、唯美的童话色彩，极具视觉吸引力。

设计定位：

本案例以图像铺满屏幕，具有极强的视觉冲击力。同时，画面图像色彩纯度较高，人物与背景的色彩形成强烈对比，带来极强的视觉刺激；翻涌的波浪使画面萦绕着清凉、鲜活的气息。

配色方案

淡蓝色与海蓝色的搭配增强了画面色彩的层次感，同时形成同类色的冷色调搭配，使整个画面呈现幽远、自由、清爽的视觉效果，如图3-102所示。

图3-102

主色：

淡蓝色与海蓝色的搭配，使海天一色的景色更加生动、真实。整个画面以蓝色作为主色调，呈现幽远、冷静、自然的视觉效果。

辅助色：

本案例使用了明度较高的灰白色作为辅助色，与蓝色调景色形成强烈的对比，提升了画面明度，给人以明亮、清爽、洁净的视觉感受。

点缀色：

深玫红色作为画面的点缀色，色彩鲜艳饱满，给人以艳丽、时尚的感觉。同时，与蓝色调海洋形成鲜明的冷暖对比，带来强烈的视觉刺激，给人留下深刻的印象。

版面构图

本案例采用三角形的构图方式，画面上方向下照射并扩散的光芒与翻涌的海浪产生的无形线条相连，使画面构成三角形的形态，给人以稳定、平衡的视觉感受。人物逐渐浮出海面的身影吸引观者视线逐渐上移，强化了三角形的延伸感，增强了画面的空间感，使观者对画面之外的空间产生联想。同时，相对于沉寂、黯淡的背景而言，人物穿着的色彩鲜艳、饱满的服饰具有很强的吸引力，给人留下了深刻印象，如图3-103和图3-104所示。

图3-103   图3-104

（操作思路）

本案例讲解了在Premiere Pro中使用"超级键"效果将人像进行抠图，使用"RGB曲线"效果、"亮度与对比度"效果调整颜色，并制作创意合成作品中的合成部分。

（操作步骤）

1.合成效果

① 在菜单栏中执行"文件"|"新建"|"项目"命令，在弹出的"新建项目"对话框中设置"名称"，单击"浏览"按钮，设置保存路径，单击"确定"按钮，如图3-105所示。

图3-105

② 在"项目"面板空白处双击鼠标左键，在弹出的"导入"对话框中导入所需的"01.jpg"和"背景.jpg"素材文件，单击"打开"按钮，如图3-106所示。在"项目"面板中，设置"01.jpg"素材文件的"位置"为（557.2,390.1），"缩放"为24.0。

图3-106

❸ 选择"项目"面板中的"背景.jpg"和"01
.jpg"素材文件,按住鼠标左键将其分别拖曳到
V1和V2轨道上,如图3-107所示。

❹ 为了便于操作和观看,先将V2轨道进行隐
藏。选择V1轨道上的"背景.jpg"素材文件,在
"效果"面板中搜索"RGB曲线"效果,按住
鼠标左键将其拖曳到"背景.jpg"素材文件上,
如图3-108所示。

❺ 在"效果控件"面板中展开"RGB曲线"效
果,分别设置"主要""红色""绿色"和"蓝
色"曲线,如图3-109所示。此时的画面效果如
图3-110所示。

图3-107

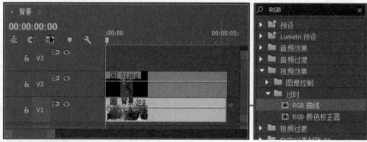

图3-108

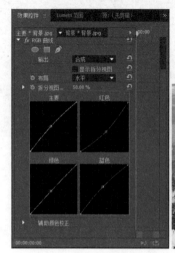

图3-109

图3-110

6 选择V2轨道上的"01.jpg"素材文件，在"效果"面板中搜索"超级键"效果，按住鼠标左键将其拖曳到"01.jpg"素材文件上，如图3-111所示。

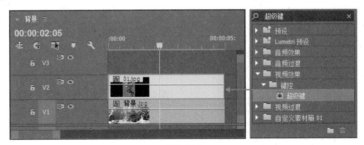

图3-111

7 在"效果控件"面板中展开"超级键"效果，单击"主要颜色"后面的 ▨（吸管），在"节目"监视器中吸取蓝色，如图3-112所示。此时的画面效果如图3-113所示。

图3-112   图3-113

8 在"效果"面板中搜索"亮度与对比度"效果，按住鼠标左键将其拖曳到"01.jpg"素材文件上，如图3-114所示。

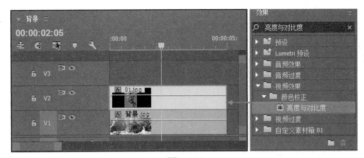

图3-114

9 在"效果控件"面板中展开"亮度与对比度"效果，设置"亮度"为21.0，"对比度"为1.0，如图3-115所示。

图3-115

⑩ 此时的合成效果如图3-116所示。

图3-116

2.动画效果

❶ 选择V2轨道上的"01.jpg"素材文件，将时间
轴滑动到初始位置处，设置"缩放"为24.0，单
击"不透明度"下面的◯（椭圆形蒙版），设置
"蒙版羽化"为410.0，如图3-117所示。

图3-117

❷ 将时间轴滑动到初始位置处，单击"位置"和
"蒙版路径"前面的◎（切换动画）按钮，创建
关键帧，设置"位置"为（557.2,582.1），在"节
目"监视器中调节蒙版；将时间轴滑动到15帧位
置处，设置"位置"为（557.2,582.1），在"节
目"监视器中调节蒙版；将时间轴滑动到15帧位
置处，设置"位置"为（557.2,582.1），在"节
目"监视器中调节蒙版；将时间轴滑动到1秒10帧
位置处，设置"位置"为（557.2,480.1），在"节
目"监视器中调节蒙版；将时间轴滑动到2秒05帧
位置处，设置"位置"为（557.2,390.1），在"节
目"监视器中调节蒙版，如图3-118所示。此时的
画面效果如图3-119所示。

图3-118

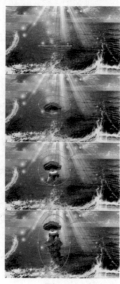

图3-119

❸此时本案例制作完成。滑动时间轴，画面效果如图3-120所示。

图3-120

3.2.6 实例：服装广告

设计思路

案例类型：

　　本案例是服装创意广告设计作品，如图3-121所示。

图3-121

项目诉求：

　　这是一则关于服装的宣传广告设计，通过鲜艳的色彩与模特传递时尚的主题，同时极具视觉冲击力。视觉中心处的文字点明作品主题，给人一目了然的感觉。

设计定位：

　　本案例采用以图像为主、文字为辅的画面构图方式。背景中的英伦风格的建筑与街道赋予画面复古、优雅的意蕴，使画面充满古典格调。前景中着装时尚的模特与主体文字和建筑的风格大相径庭，这两种风格的碰撞使得广告更具吸引力，使观者产生兴趣。

配色方案

灰色与橙色调的建筑占据画面较大面积，使整个画面的色彩呈暖色调，洋溢着温暖、复古的气息，给人以舒适、明媚、自然的视觉感受，如图3-122所示。

图3-122

主色：

橙色调的建筑占据背景中较大的面积，使整体画面色彩趋向于暖色调，营造温馨、质朴、自然的视觉效果，提升了广告的亲和力。

辅助色：

本案例使用了纯度较高的橙色作为辅助色，色彩鲜艳、浓郁，使画面洋溢着明快、鲜活、兴奋的气息，具有较强的视觉冲击力。

点缀色：

宝石红作为点缀色，色彩艳丽、饱满，与橙色形成邻近色对比，丰富了画面色彩，同时给人以时尚、娇艳的感觉，使人物形象更加生动，提升了作品的视觉表现力。

版面构图

本案例采用了留白式的构图方式，人物与义字主要集中在版面的左侧，将右侧空间留出，为观者留下想象空间。背景中建筑的走向呈透视效果，具有极强的空间感，同时两侧街道形成引导线，吸引观者视线向中央移动。文字位于中央偏左的位置，将街道内里遮挡，唤起观者的好奇心，提升广告的吸引力，如图3-123和图3-124所示。

图3-123 　　　　　　　　　　　　　　　图3-124

操作思路

本案例讲解了在Premiere Pro中使用"超级键"效果将作品中的人物背景抠除，并进行合成。

操作步骤

❶ 在菜单栏中执行"文件"|"新建"|"项目"命令，在弹出的"新建项目"对话框中设置"名称"，单击"浏览"按钮，设置保存路径，单击"确定"按钮，如图3-125所示。

❷ 在"项目"面板空白处单击鼠标右键，执行"新建项目"|"序列"命令。在弹出的"新建序列"对话框中，选择"DV-PAL"文件夹下的"标准48kHz"，单击"确定"按钮，如图3-126所示。

图3-125

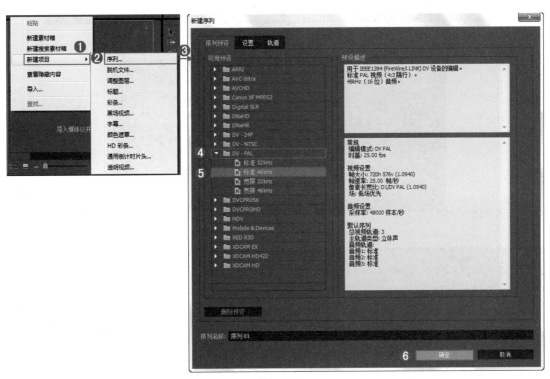

图3-126

❸ 在"项目"面板空白处双击鼠标左键，在弹出的"导入"对话框中导入所需的"01.png""02.jpg"和"背景.jpg"素材文件，单击"打开"按钮，如图3-127所示。

图3-127

❹ 选择"项目"面板中的素材文件，按住鼠标左键将其拖曳到轨道上，如图3-128所示。

❺ 选择V3轨道上的"02.jpg"素材文件，在"效果"面板中搜索"超级键"效果，按住鼠标左键将其拖曳到"02.jpg"素材文件上，如图3-129所示。

❻ 在"效果控件"面板中展开"超级键"效果，单击"主要颜色"后面的▨（吸管），在"节目"监视器中单击绿色背景，如图3-130所示。

❼ 滑动时间轴，此时的画面效果如图3-131所示。

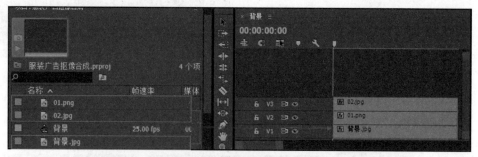

图3-128

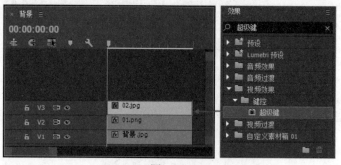

图3-129

图3-130

图3-131

3.2.7 实例：相机广告

案例类型：

　　本案例是相机广告设计作品，如图3-132所示。

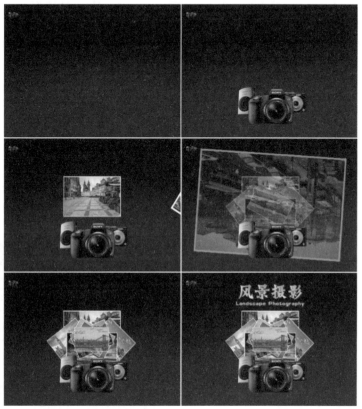

图3-132

项目诉求：

　　该相机广告通过风景摄影照片的展现向观者展示相机的功能，其成片清晰、色彩鲜艳，以此吸引消费者的兴趣，并促进其购买。整个画面以炭灰色为背景，明度较低，打造出高端、商务的风格，提升了产品格调与档次，给人留下优雅、高端的印象。

设计定位：

　　本案例采用以图像为主、文字为辅的画面构图方式。相机作为主体最先出现，其次是不同风景的照片依次旋转覆盖叠加，最终形成对称布局的版面。照片与相机间形成呼应的效果，给人统一、协调、稳定的感觉。文字位于最上方，具有较强的视觉吸引力。

　　炭灰色与灰色作为无彩色，具有含蓄、深沉、尊贵的特点，在蓝色与姜黄色的点缀下更显格调，使广告呈现高端、商务、大气的视觉效果，如图3-133所示。

图3-133

主色：

炭灰色作为主色调，在画面中作为背景色彩出现，画面由上到下色彩形成过渡，具有较强的层次感。低明度的炭灰色降低了画面温度，打造出低沉、冷静、大气的广告风格。

辅助色：

本案例使用了明度适中的灰色作为辅助色，与炭灰色背景相比，灰色更加鲜明、明亮，使文字更为突出、醒目，可以迅速传递文字信息。

点缀色：

蓝色与姜黄色作为照片中风景的色彩，鲜艳、浓郁，同时形成强烈的冷暖对比，丰富画面色彩的同时，也提升了画面的视觉吸引力，给人生动、鲜活的感觉，可以更快地吸引观者目光。

版面构图

本案例采用了对称式的构图方式，将文字与摄影照片以及产品依次由上至下摆放，给人以一目了然、布局清晰的感觉。同时，画面中的各部分均位于画面中央位置，形成对称布局，呈现均衡、稳定的视觉效果，展现了理性、冷静的特点，有利于增强观者对于广告的信任感，如图3-134和图3-135所示。

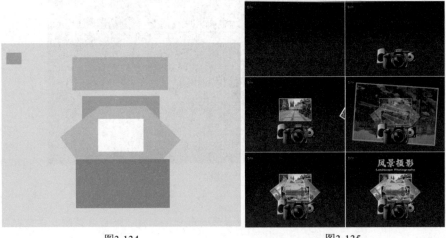

图3-134   图3-135

操作思路

本案例讲解了在Premiere Pro中使用关键帧动画制作照片和相机的"位置""缩放""旋转""不透明度"动画。

操作步骤

1.画面部分

❶ 在菜单栏中执行"文件"|"新建"|"项目"命令，在弹出的"新建项目"对话框中设置"名称"，单击"浏览"按钮，设置保存路径，单击"确定"按钮，如图3-136所示。

图3-136

2 在"项目"面板空白处单击鼠标右键,执行"新建项目"|"序列"命令。在弹出的"新建序列"对话框中,选择"DV-PAL"文件夹下的"标准48kHz",单击"确定"按钮,如图3-137所示。

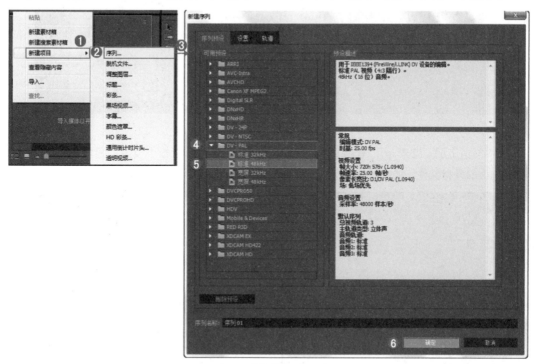

图3-137

3 在"项目"面板空白处双击鼠标左键,在弹出的"导入"对话框中选择"01.jpg""01.png""02.jpg"等素材文件,单击"打开"按钮,如图3-138所示。

图3-138

④ 选择"项目"面板中的素材文件，按住鼠标左键将其拖曳到轨道上，如图3-139所示。

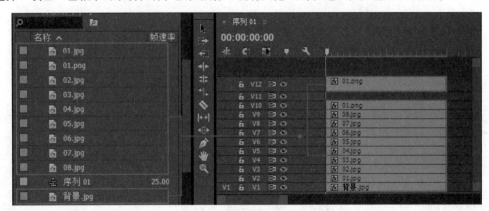

图3-139

⑤ 选择V1轨道上的"背景.jpg"素材文件，隐藏其他轨道上的素材文件，如图3-140所示。

"效果控件"面板中设置"缩放"为117.0，如图3-141所示。此时的画面效果如图3-142所示。

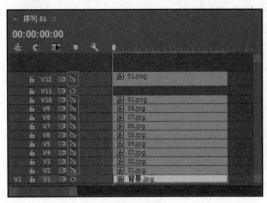

图3-140

⑥ 选择V1轨道上的"背景.jpg"素材文件，在

图3-141

图3-142

7 显现并选择V2轨道上的"01.jpg"素材文件，将时间轴滑动到10帧位置处，在"效果控件"面板中单击"位置""缩放"和"旋转"前面的 ⊙ （切换动画）按钮，创建关键帧，设置"位置"为（-351,252），"缩放"为102，"旋转"为0°。将时间轴滑动到1秒位置处，设置"位置"为（360.0,252.0），"缩放"为35.0，"旋转"为1×0.0°，如图3-143所示。此时的画面效果如图3-144所示。

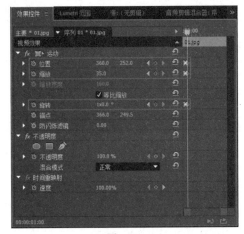

图3-143

图3-144

8 显现并选择V3轨道上的"02.jpg"素材文件，将时间轴滑动到1秒位置处，在"效果控件"面板中单击"位置""缩放"和"旋转"前面的 ⊙ （切换动画）按钮，创建关键帧，设置"位置"为（1100.0,288.0），"缩放"为97.0，"旋转"为0.0°。将时间轴滑动到2秒位置处，设置"位置"为（452.0,288.0），"缩放"为22.0，"旋转"为1×44.0°，如图3-145所示。此时的画面效果如图3-146所示。

图3-145

图3-146

9 显现并选择V4轨道上的"03.jpg"素材文件，将时间轴滑动到2秒位置处，在"效果控件"面板中单击"位置""缩放"和"旋转"前面的 ⊙ （切换动画）按钮，创建关键帧，设置"位置"为（-451.0,288.0），"缩放"为110.0，"旋转"为327.0°。将时间轴滑动到3秒位置处，设置"位置"为（265.0,288.0），"缩放"为22.0，"旋转"为-38.0°，如图3-147所示。此时的画面效果如图3-148所示。

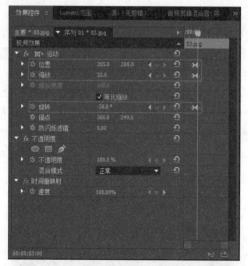

图3-147

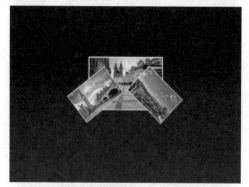

图3-148

⑩ 显现并选择V5轨道上的"04.jpg"素材文件，
设置"位置"为（360.0,336.0），将时间轴滑动
到3秒位置处，在"效果控件"面板中单击"缩
放""旋转"和"不透明度"前面的 ⓞ（切换动
画）按钮，创建关键帧，设置"缩放"为165.0，
"旋转"为0.0°，"不透明度"为0。将时间轴
滑动到4秒位置处，设置"缩放"为31.0，"旋
转"为1x0.0°，"不透明度"为100.0%，如
图3-149所示。此时的画面效果如图3-150所示。

⑪ 显现并选择V6轨道上的"05.jpg"素材文件，
设置"位置"为（360.0,288.0），将时间轴滑动
到4秒位置处，在"效果控件"面板中单击"缩
放""旋转"和"不透明度"前面的 ⓞ（切换动
画）按钮，创建关键帧，设置"缩放"为338.0，
"旋转"为-318.0°，"不透明度"为0。将时
间轴滑动到5秒位置处，设置"缩放"为24.0，

"旋转"为28.0°，"不透明度"为100.0%，如
图3-151所示。此时的画面效果如图3-152所示。

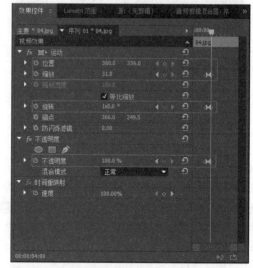

图3-149

图3-150

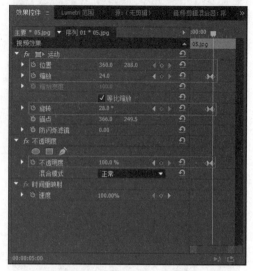

图3-151

图3-152

⓬ 显现并选择V7轨道上的"06.jpg"素材文件，将时间轴滑动到5秒位置处，在"效果控件"面板中单击"缩放""旋转"和"不透明度"前面的 ⏱（切换动画）按钮，创建关键帧，设置"缩放"为174.0，"旋转"为-1x-11.0°，"不透明度"为0。将时间轴滑动到6秒位置处，设置"缩放"为23.0，"旋转"为-23.0°，"不透明度"为100.0%，如图3-153所示。此时的画面效果如图3-154所示。

⓭ 显现并选择V8轨道上的"07.jpg"素材文件，将时间轴滑动到6秒位置处，在"效果控件"面板中单击"缩放""旋转"和"不透明度"前面的 ⏱（切换动画）按钮，创建关键帧，设置"缩放"为184.0，"旋转"为-342.0°，"不透明度"为0。将时间轴滑动到7秒位置处，设置"缩放"为19.0，"旋转"为32.0°，"不透明度"为100.0%，如图3-155所示。此时的画面效果如图3-156所示。

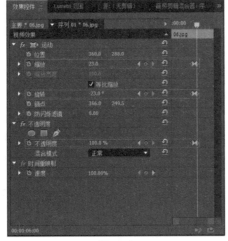

图3-153

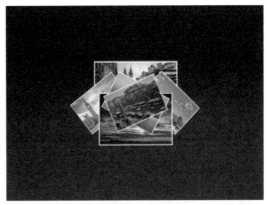

图3-154

图3-155

图3-156

⓮ 显现并选择V9轨道上的"08.jpg"素材文件，将时间轴滑动到7秒位置处，在"效果控件"面板中单击"缩放""旋转"和"不透明度"前

面的 🕒（切换动画）按钮，创建关键帧，设置
"缩放"为136.0，"旋转"为0.0°，"不透明
度"为0。将时间轴滑动到8秒位置处，设置"缩
放"为21.0，"旋转"为1x0.0°，"不透明度"
为100.0%，如图3-157所示。此时的画面效果如
图3-158所示。

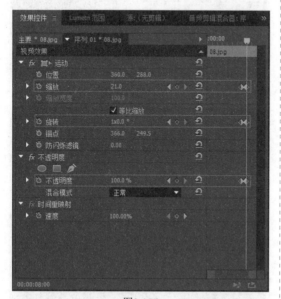

图3-157

图3-159

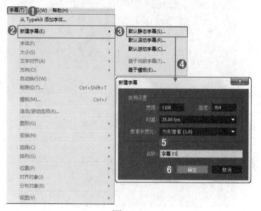

图3-160

图3-158

⑮ 显现并选择V10轨道上的"01.png"素材文
件，将时间轴滑动到初始位置处，在"效果控
件"面板中单击"位置"和"不透明度"前面的
🕒（切换动画）按钮，创建关键帧，设置"位
置"为（360.0,531.0），"不透明度"为0。
将时间轴滑动到10帧位置处，设置"位置"为
（360.0,313.0），"不透明度"为100.0%，如
图3-159所示。此时的画面效果如图3-160所示。

2. 文字部分

❶ 在菜单栏中执行"字幕"|"新建字幕"|"默
认静态字幕"命令，在弹出的"新建字幕"对
话框中设置"名称"，单击"确定"按钮，如
图3-161所示。

图3-161

❷ 在工具栏中单击 T（文字工具）按钮，在"工作区域"输入"风景摄影"，设置"字体系列"为"迷你简书魂"，"字体大小"为65.0，设置"填充类型"为四色渐变，"颜色"为白色、灰色、白色、灰色，单击"外描边"后面的"添加"，设置"类型"为"深度"，"颜色"为白色，"不透明度"为93%，如图3-162所示。

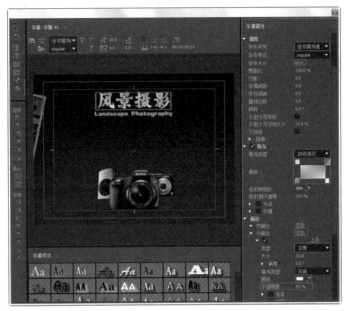

图3-162

❸ 单击 T（文字工具）按钮，在"工作区域"输入英文，设置"字体系列"为"汉仪菱心体简"，"字体大小"为20.0，设置"填充类型"为四色渐变，"颜色"为白色、灰色、白色、灰色，单击"外描边"后面的"添加"，设置"类型"为"深度"，"颜色"为白色，"不透明度"为93%，如图3-163所示。

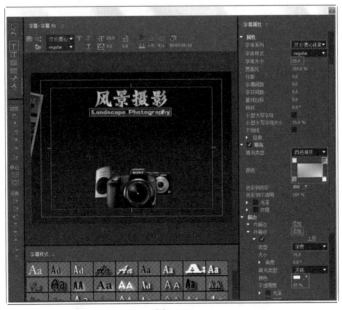

图3-163

❹ 关闭字幕窗口。选择"项目"面板中的"字幕01"素材文件，按住鼠标左键将其拖曳到V11轨道上，设置结束时间为10秒，如图3-164所示。

图3-164

❺ 选择V11轨道上的"字幕01"素材文件，将时间轴滑动到8秒位置处，在"效果控件"面板中单击"不透明度"前面的 ◎ （切换动画）按钮，创建关键帧，设置"不透明度"为0。将时间轴滑动到9秒位置处，设置"不透明度"为100.0%，如图3-165所示。

❻ 显现并选择V12轨道上的"01.png"素材文件，在"效果控件"面板中展开"运动"效果，设置"位置"为（38.0,27.0），"缩放"为15.0，如图3-166所示。

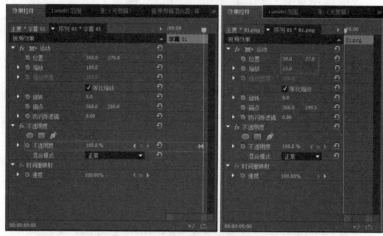

图3-165　　　　　　　　　　　图3-166

❼ 此时本案例制作完成。滑动时间轴，画面效果如图3-167所示。

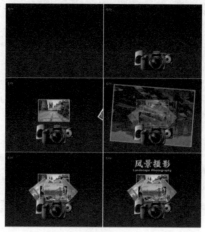

图3-167

第4章

电子相册设计

· 本章概述 ·

电子相册是指由静止图片或动态元素制作而成的连贯的动画播放效果；相册内容既可以是摄影照片，也可以是多种不同的艺术创作图片。婚纱影像、个人写真、聚会光盘、家庭相册等都可以通过应用电子相册制作成影像，继而刻录成 VCD、DVD 等影像。由于信息时代的进步与发展，电子相册顺理成章地进入大众视野。本章主要从电子相册的定义、电子相册的常见类型、电子相册的过渡方式、电子相册的优点、电子相册的功能需求等方面介绍电子相册设计。

4.1 电子相册设计概述

电子相册就是将照片通过电脑软件制作出动画效果。例如，使用Premiere Pro软件，导入素材后，配以音频、动画、字幕，再添加一些特效、转场效果、叠加效果。

4.1.1 什么是电子相册

电子相册是集数码转场效果、音乐、字幕特效、影视特效于一体，为大众带来多重视觉以及听觉的享受，符合现代人个性化追求的动态文档。电子相册具有传统相册无可比拟的优越性，如拥有随意编辑的功能、快速的检索方式、永不褪色的恒久保存特性，以及快速复制、分享的特点，如图4-1所示。

图4-1

4.1.2 电子相册的常见类型

电子相册拥有图、文、声、像并茂的表现方式，可为多种场景提供存储空间。常见的类型有儿童电子相册、婚纱电子相册、产品广告展示电子相册、日常照片电子相册等。

儿童电子相册如图4-2所示。

图4-2

婚纱电子相册如图4-3所示。

图4-3

产品广告展示电子相册如图4-4所示。

图4-4

日常照片电子相册如图4-5所示。

图4-5

4.1.3 电子相册的过渡方式

与平面设计作品不同，电子相册是将平面化的图片进行动态化处理，将字幕、照片、装饰元素等进行动画制作，形成一个完整的动画影像。电子相册中经常需要给图像添加过渡效果。下面是电子相册常见的过渡方式。

交叉溶解、叠加溶解：使前一个画面逐渐溶解于下一个画面，如图4-6所示。

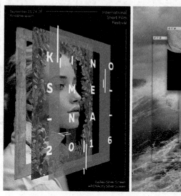

图4-6

白场、黑场过渡：将照片或影像由暗转亮或由亮转暗，如图4-7所示。

图4-7

划出：从上、下、左、右四个方向滑动观看相册，如图4-8所示。

图4-8

交叉缩放：两个画面形成直入直出式的过渡，如图4-9所示。

制作电子相册的主要流程为：素材导入、转场效果、过滤效果、叠加效果、蒙版技术、字幕技术、音频效果、特技变换效果、影片合成输出等。图4-10所示是一些过渡效果。

图4-9

图4-10

4.1.4 电子相册的优点

通过各种软件制作出种类繁多的电子相册,可以便捷地用于电脑浏览、传输发送、网络共享、电脑屏保,以及各种硬件播放,如图4-11所示。电子相册具有以下优点。

1. 信息量大,可读性强

电子相册可以将多张图片放置在一个文档中,且处理好的照片可以配上优美的音乐,使观者得到视觉和听觉的双重享受。

2. 易于保存,便于欣赏

传统相册在多人浏览时只能传阅,而电子相册可以多人同时欣赏。

3. 交互性强,选择空间广

如同VCD点歌一样,电子相册将一些场景尽数展现在一张薄而亮丽的VCD光碟中。其轻巧便捷,成本低廉,只需要制作好,就能在电脑、LED大屏幕、幻灯片上分享观看。

通过电子相册制作软件,可以使照片更加具有动态感、更加多彩地展现。电子相册经打包后,可以以一个整体的形式分发给他人,或者刻录在光盘上保存并在影碟机上播放。

图4-11

4.1.5 电子相册的功能需求

电子相册可以将生活中的某一场景记录下来，具有保存、编辑、管理照片等功能。与传统相册相比，电子相册的优点是便于保存、不易丢失。

1.管理图片功能

存储图片，添加相应的时间与说明，设置电子相册封面，分组展示并播放图片。

2.编辑图片功能

为电子相册添加音乐、调整图片播放的间隔时间、设置翻页效果与动画展示方式等，如图4-12所示。

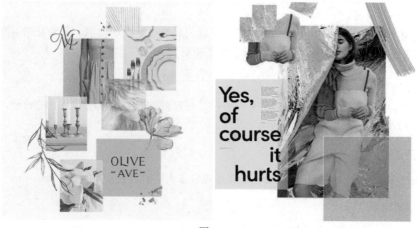

图4-12

制作好的电子相册可以通过电脑、影碟机、手机等媒介进行播放。如果要长期保存，还可以保存在硬盘上，以便于随时调阅、欣赏，如图4-13所示。

图4-13

4.2 电子相册设计实战

4.2.1 实例：纪念册回忆展示效果

设计思路

案例类型：

本案例是关于回忆纪念册的电子相册制作作品，如图4-14所示。

图4-14

项目诉求：

这是一个复古风格的纪念册作品。使用中纯度的米色渲染了朴实、复古的气息，营造出静谧、温馨的回忆氛围。通过多张照片以及书籍等元素体现回忆的主题，具有较强的视觉感染力。

设计定位：

　　本案例以图像元素铺满版面，带来直观的视觉冲击力。米色背景呈现温馨、温和、安静的视觉效果，切合回忆的主题，给人以复古、朴实的感觉。中央的照片中出现的书籍和笔暗示着对于往事的回忆与纪念，给人留下想象的空间。

配色方案

　　中纯度的米色与灰色作为画面的主要色彩，使整体画面的色彩较为朴实、温和，视觉冲击力较弱，给人以温和、自然的视觉感受。棕色的加入使作品色彩更加丰富，带来古典韵味，如图4-15所示。

图4-15

主色：

　　米色作为画面的主色进行使用，占据画面较大面积，呈现温和、自然、陈旧的视觉效果，与回忆的主题相呼应。同时，背景中地图的运用丰富了画面的质感，提升了画面的细节感，使画面更具视觉吸引力。

辅助色：

　　本案例中灰色与黑色作为辅助色出现，色彩安静、朴素，在书籍、照片以及文字等部分中的运用，给人以娓娓道来的视觉感受。

点缀色：

　　照片中出现的棕色作为点缀色，其色彩纯度较高，增强了色彩间的对比，使作品更具视觉冲击力。

版面构图

　　本案例采用自由式的构图方式，背景中铺满画面的地图作为装饰，丰富了背景画面的质感，提升了画面的层次感与吸引力。照片进入画面后不断改变位置，并且存在倾斜与垂直摆放的不同放置方式，给人以自由、随性的感觉，活跃了画面气氛，使回忆主题的作品更具鲜活、灵动的特点，如图4-16和图4-17所示。

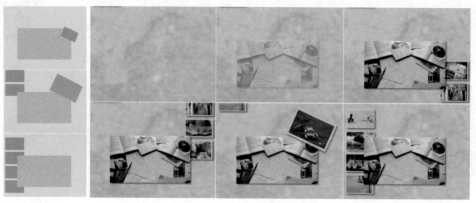

　　图4-16　　　　　　　　　　　　　　　　图4-17

操作思路

　　本案例讲解了在Premiere Pro中为素材的"位置""不透明度""缩放"属性添加关键帧动画，并为素材添加"投影"效果，使其产生真实的阴影。

操作步骤

❶ 在菜单栏中执行"文件"|"新建"|"项目"命令，在弹出的"新建项目"对话框中设置"名称"，单击"浏览"按钮，设置保存路径，单击"确定"按钮。在"项目"面板空白处单击鼠标右键，执行"新建项目"|"序列"命令，在弹出的"新建序列"对话框中，选择"DV-PAL"文件夹下的"标准48kHz"。在"项目"面板空白处双击鼠标左键，在弹出的"导入"对话框中选择"01.png""02.jpg""03.png""04.png""背景.jpg"素材文件，单击"打开"按钮，如图4-18所示。

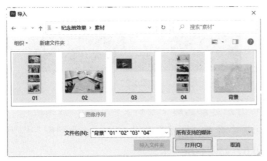

图 4-18

❷ 选择"项目"面板中的素材文件，按住鼠标左键将其拖曳到轨道上，如图4-19所示。

图4-19

❸ 此时的画面效果如图4-20所示。

❹ 选择V1轨道上的"背景.jpg"素材文件，在"效果控件"面板中展开"运动"效果，设置"缩放"为124.0，如图4-21所示。

❺ 选择V2轨道上的"01.png"素材文件，将时间轴滑动到2秒处，单击"位置"前面的🔘（切

换动画）按钮，创建关键帧，设置"位置"为（627.0,833.0），如图4-22所示。将时间轴滑动到3秒05帧处，设置"位置"为（627.0，-289.0）。

图4-20

图4-21

图4-22

❻ 选择V3轨道上的"04.png"素材文件，将时间轴滑动到3秒20帧处，单击"位置"前面的🔘（切换动画）按钮，创建关键帧，设置"位置"为（94.0,-262.0），如图4-23所示。将时间轴滑动到4秒15帧处，设置"位置"为（94.0，286.0）。

图4-23

7 选择V4轨道上的"02.jpg"素材文件,在"效果控件"面板中设置"位置"为(348.0,342.0),"缩放"为84.0,如图4-24所示。

图4-24

8 将时间轴滑动到1秒处,单击"不透明度"前面的⊙(切换动画)按钮,创建关键帧,设置"不透明度"为0,如图4-25所示。将时间轴滑动到2秒处,设置"不透明度"为100.0%。

图4-25

9 选择V5轨道上的"03.png"素材文件,在"效果控件"面板中设置"位置"为(604.0,368.0),将时间轴滑动到3秒05帧处,单击"缩放"前面的⊙(切换动画)按钮,创建关键帧,设置"缩放"为0.0,如图4-26所示。将时间轴滑动到3秒20帧处,设置"缩放"为100.0%,单击"不透明度"前面的⊙(切换动画)按钮,创建关键帧,设置"不透明度"为100.0%;将时间轴滑动到4秒15帧处,设置"不透明度"为0。

10 在"效果"面板中搜索"投影"效果,按住鼠标左键分别将其拖曳到"01.png""02.jpg""03.png""04.png"素材文件上,如图4-27所示。

图4-26

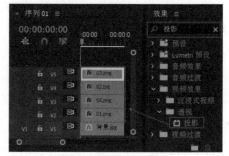

图4-27

11 分别选择这四个素材文件,在"效果控件"面板中设置"距离"均为10.0,"柔和度"均为19.0,如图4-28所示。

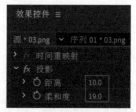

图4-28

12 此时本案例制作完成。滑动时间轴,画面效果如图4-29所示。

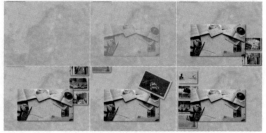

图4-29

4.2.2 实例：花朵展示电子相册

设计思路

案例类型：

本案例是展示花朵变化的电子相册制作作品，如图4-30所示。

图4-30

项目诉求：

这是通过"风车"与"棋盘"过渡效果使花朵相册内容发生变化的动画制作作品。画面中央位置的相册中出现的花朵通过不同的转场效果进行转换，给人以流畅、自然的感觉。整体画面色彩鲜艳，具有较强的视觉冲击力。

设计定位：

本案例中融化的巧克力、丝带等装饰物作为点缀围绕中心的画框进行布局，不仅丰富了画面，还将观者的目光引导至画面中央的照片，从而体现花朵的转换效果。

配色方案

红色的大面积打造出艳丽、火热的画面效果，点燃了画面气氛，给人以兴奋、喜悦的感觉，带来极强的视觉刺激，如图4-31所示。

图4-31

主色：

红色作为画面主色，色彩浓郁、饱满，极具视觉冲击力。高纯度的红色视觉刺激性较强，带给观者火热、激动的视觉体验，展现了时尚、外放的特点。

辅助色：

本案例使用自然、温柔的米色作为辅助色，色彩纯度与明度适中，带来最为舒适的视觉感受。米色展现了温馨、治愈的视觉效果，在红色背景的衬托下更加柔和，降低了大面积红色的刺激性。

点缀色：

褐色、嫩绿色、深青色与鲜红色等色彩作为点缀色，使画面五彩缤纷，给人以鲜艳、生机盎然的视觉感受。同时，点缀色与高纯度的红色背景形成强烈对比，在背景的衬托下更加醒目，使花朵的变化过程更加清晰明了。

版面构图

　　本案例采用自由式的构图方式，主体照片位于画面的视觉中心位置，作为画面的视觉焦点，具有强调、引导的作用，使观者的目光迅速落到花朵上，更好地感受不同花朵照片的转变过程。左右两侧的巧克力、丝带以及上端融化的巧克力等元素作为点缀，装点了画面，使版面内容更加丰富，增添了浪漫、灵动、俏皮的气息，如图4-32和图4-33所示。

图4-32　　　　　　　　　　　　　　　　图4-33

操作思路

　　本案例讲解了在Premiere Pro中为素材添加"风车"和"棋盘"效果，并为素材的"不透明度"属性创建关键帧动画。

操作步骤

❶ 在菜单栏中执行"文件"|"新建"|"项目"命令，在弹出的"新建项目"对话框中设置"名称"，单击"浏览"按钮，设置保存路径，单击"确定"按钮，如图4-34所示。

图4-34

② 在"项目"面板空白处单击鼠标右键，执行"新建项目"|"序列"命令。在弹出的"新建序列"对话框中，选择"DV-PAL"文件夹下的"标准48kHz"，单击"确定"按钮，如图4-35所示。

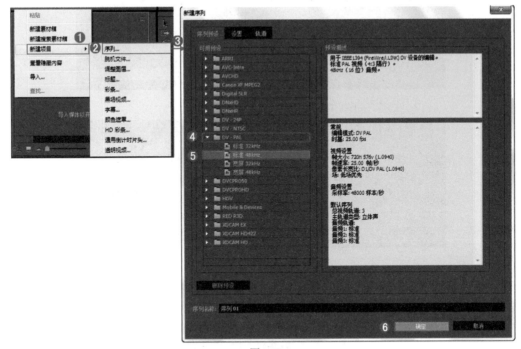

图4-35

③ 在"项目"面板空白处双击鼠标左键，在弹出的"导入"对话框中选择"01.png""02.png""03.png""04.png"和"背景.jpg"素材文件，单击"打开"按钮，如图4-36所示。

图4-36

④ 选择"项目"面板中的"背景.jpg"素材文件，按住鼠标左键将其拖曳到V1轨道上，如图4-37所示。

⑤ 选择"项目"面板中的"02.png""03.png"和"04.png"素材文件，按住鼠标左键将其拖曳到V2轨道上，如图4-38所示。

图4-37

图4-38

6 在"效果"面板中搜索"风车"和"棋盘"效果，按住鼠标左键将其分别拖曳到"02.png""03.png"素材文件之间和"03.png""04.png"素材文件之间，如图4-39所示。

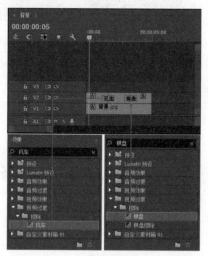

图4-39

7 选择"项目"面板中的"01.png"素材文件，按住鼠标左键将其拖曳到V3轨道上，如图4-40所示。

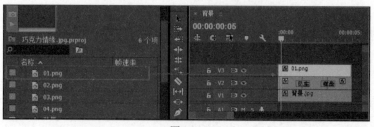

图4-40

8 选择V2轨道上的"02.png"素材文件。将时间轴滑动到初始位置处，单击"不透明度"前面的

（切换动画）按钮，创建关键帧，设置"不透明度"为0。将时间轴滑动到05帧位置处，设置"不透明度"为100.0%，如图4-41所示。

⑨ 此时本案例制作完成。滑动时间轴，画面效果如图4-42所示。

图4-41   图4-42

4.2.3 实例：请柬电子相册动画设计

设计思路

案例类型：

本案例是唯美风格的婚礼请柬电子相册设计作品，如图4-43所示。

图4-43

项目诉求：

这是一个浪漫、唯美风格的婚礼请柬电子相册动画设计作品。通过对花卉、角纹以及粉色、蓝色等浅色调色彩的运用，展现浪漫、淡雅的视觉效果。线条流畅、字形纤细的字体赋予作品柔和、秀丽的内涵，使整体画面更具艺术气息，具有较强的视觉美感。

设计定位：

本案例采用以图像为主、文字为辅的画面构图方式。通过边框花朵的装饰，打造出花团锦簇、清雅秀丽的视觉效果，使电子相册充满浪漫的格调，形成典雅、唯美、浪漫的设计风格。

配色方案

米色、山茶红色与蓝色等色彩的搭配，呈现淡雅、温柔、浪漫的视觉效果，结合花朵元素的装点，给人留下清新、明快、梦幻的印象，如图4-44所示。

图4-44

主色：

浅贝壳粉色与米色作为作品最初和最终画面的主色，色彩纯度适中，呈现温柔、安静的视觉效果。同时，这两种颜色作为画面主色，色彩冲击力较弱，带来舒适、自然的视觉感受。

辅助色：

本案例使用了纯度较高的山茶红色作为辅助色，色彩鲜艳、明丽，展现娇艳、鲜活的视觉效果，使花朵装饰更具生命力，给人以浪漫、优雅、明媚的视觉感受。

点缀色：

冷色调的蓝色与暖色调、低明度的深褐色作为点缀色，与山茶红色调的花卉形成鲜明的冷暖与明暗对比，平衡了画面的温度与重量感，使画面色彩更加均衡，给人带来更加舒适的视觉体验。

版面构图

本案例采用框架式的构图方式，通过角纹与边框的设置引导观者目光向中央集中，凸显作品主题。文字上方的花卉与下方的莨苕花纹形成平衡，产生稳定、均衡、端正的效果。外侧四周的花朵装饰在装点画面的同时产生向心力，使中间位置的请柬封面更加突出，增强了作品的画面层次感。通过米色、山茶红色与蓝色等色彩的使用，展现了温馨、治愈、幸福的气息，提升了作品的亲和力与视觉感染力，如图4-45和图4-46所示。

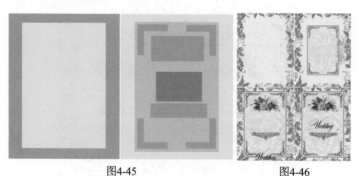

图4-45　　　　　　　　　　　　图4-46

本案例讲解了在Premiere Pro中为"缩放""旋转""不透明度"属性添加关键帧动画制作请柬的动画画面部分；使用文字工具创建文字，并为文字添加具有"位置"属性的关键帧动画，制作文字位移动画。

操作步骤

1. 画面部分

❶ 在菜单栏中执行"文件"|"新建"|"项目"命令，在弹出的"新建项目"对话框中设置"名称"，单击"浏览"按钮，设置保存路径，单击"确定"按钮，如图4-47所示。

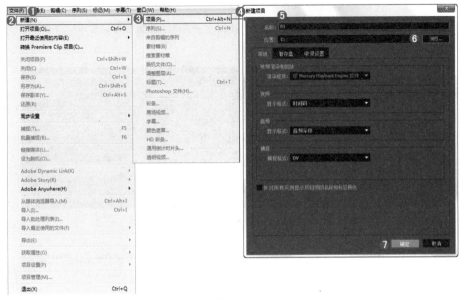

图4-47

❷ 在"项目"面板空白处双击鼠标左键，在弹出的"导入"对话框中选择"01.jpg" "02.png" "03.png"和"04.png"素材文件，单击"打开"按钮，如图4-48所示。

图4-48

❸ 选择"项目"面板中的素材文件，按住鼠标左键依次将其拖曳到轨道上，如图4-49所示。

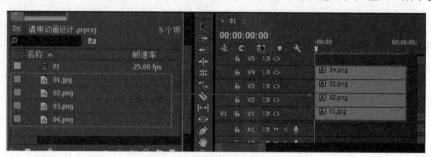

图4-49

技巧提示：为什么不创建序列？

将"项目"面板中的素材文件直接拖曳到轨道上，"项目"面板会自动生成"序列"，时间轴面板也会自动显现出轨道，如图4-50所示。

图4-50

❹ 选择V1轨道上的"01.jpg"素材文件，在"效果控件"面板中展开"运动"效果，设置"缩放"为127.0，如图4-51所示。此时的画面效果如图4-52所示。

图4-52

❺ 选择V2轨道上的"02.png"素材文件，在"效果控件"面板中展开"运动"效果，设置"位置"为（325.0,406.0）。将时间轴滑动到初始位置处，单击"缩放"前面的 （切换动画）按钮，创建关键帧，设置"缩放"为0。将时间轴滑动到22帧位置处，设置"缩放"为75.0，如图4-53所示。此时的画面效果如图4-54所示。

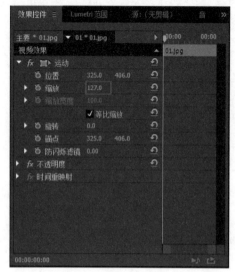

图4-51

图4-53

图4-54

⑥ 选择V3轨道上的"03.png"素材文件，在
"效果控件"面板中展开"运动"效果，设置
"位置"为（325.0,409.0），"缩放"为80.0。
将时间轴滑动到10帧位置处，单击"旋转"和
"不透明度"前面的 ⏱（切换动画）按钮，创
建关键帧，设置"旋转"为0，"不透明度"为
0；将时间轴滑动到1秒05帧位置处，设置"旋
转"为1x0.0°，"不透明度"为100.0%，如
图4-55所示。此时的画面效果如图4-56所示。

⑦ 选择V4轨道上的"04.png"素材文件，将时
间轴滑动到1秒05帧位置处，在"效果控件"
面板中展开"运动"效果，设置"位置"为
（348.0,508.0），单击"缩放"和"不透明度"
前面的 ⏱（切换动画）按钮，创建关键帧，设置
"缩放"为0，"不透明度"为0。将时间轴滑动
到2秒位置处，设置"缩放"为100.0，"不透明

度"为100.0%，如图4-57所示。此时的画面效果
如图4-58所示。

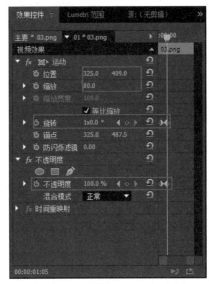

图4-55

图4-56

图4-57

图4-58

"工作区域"输入"Wedding",设置"字体系列"为"DomLovesMaryPro","颜色"为褐色,如图4-60所示。

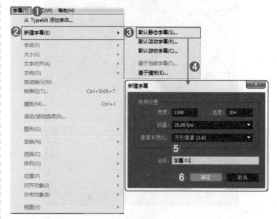

图4-59

2. 文字部分

❶ 在菜单栏中执行"字幕"|"新建字幕"|"默认静态字幕"命令,在弹出的"新建字幕"对话框中设置"名称",单击"确定"按钮,如图4-59所示。

❷ 在工具栏中单击 **T**(文字工具)按钮,在

图4-60

❸ 关闭字幕窗口。选择"项目"面板中的"字幕01"素材文件,按住鼠标左键将其拖曳到V5轨道上,如图4-61所示。

❹ 选择V5轨道上的"字幕01"素材文件,将时间轴滑动到2秒位置处,单击"位置"前面的 ◎(切换动画)按钮,创建关键帧,设置"位置"为(325.0,923.0)。将时间轴滑动到3秒15帧位置处,设置"位置"为(325.0,420.0),如图4-62所示。

⑤ 此时本案例制作完成。滑动时间轴，画面效果如图4-63所示。

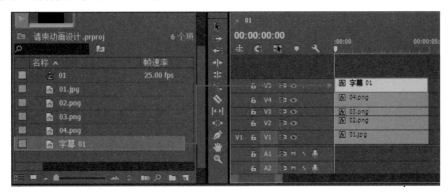

图4-61

图4-62   图4-63

第 **5** 章

短视频制作

· 本章概述 ·

　　短视频，从名称可以看出它是一个内容、时长较为精简的视频。作为互联网的一种新型传播方式，短视频具有生产流程简单、制作成本低廉、参与互动性高的特点。短视频的时长较短，通常在15秒到5分钟之间，可以在碎片化的时间内进行观看。由于短视频具有制作周期短、内容广泛等特点，因此对于团队以及策划、文案等方面的要求较高，想要成功地吸引大众的眼球也不再是一件易事。优秀的短视频创作不仅需要成熟的运营团队、高频稳定的内容输出，还需要不断创新。本章主要从短视频的概念、短视频的常见类型、短视频的构图方法以及短视频制作的原则等方面介绍短视频的制作。

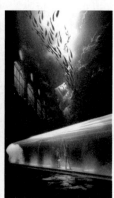

短视频制作概述

短视频是指在互联网新媒体平台播放的、可以在移动设备上播放，适合于在闲暇与碎片化时间段内观看的、高频推送的视频内容，时间从几秒到几分钟不等。随着移动终端的普及与网络的提速，大流量传播的短视频逐渐盛行，吸引了大众的注意力，如图5-1所示。

图5-1

5.1.1 什么是短视频

与传统视频相比，短视频的时长更短、内容更丰富，适合在闲暇之余进行观看；同时各类型内容都可以通过视频进行展现，给人强大的视听体验。由于短视频市场有限，就需要创作者在视频中投放更多的精彩内容与创意灵感。短视频的发布渠道多样、制作简单，具有强大的传播能力。因此，短视频更加便于营销，植入广告或是带货视频广泛地出现在大众面前，如图5-2所示。

图5-2

5.1.2 短视频的常见类型

目前，短视频是众多用户的娱乐方式之一，大众每日花费大量时间在观看短视频上，这也就促使短视频的内容与种类日益增长，不同的分类面对的用户也就不尽相同。其常见类型有以下几种。

1.剪辑类短视频

剪辑类短视频主要利用剪辑技巧和创意，制作出精美震撼、搞笑精彩的创意视频，包括影视剪辑、音乐剪辑、体育剪辑以及动漫剪辑等，如图5-3所示。

图5-3

2.生活类短视频

生活类短视频既有生活记录，也有美食、健康、家乡等不同场景的记录、拍摄，展示个人生活，具有真实感与多样化的特点，极易打动观者内心，获得情感认同，如图5-4所示。

图5-4

3.美妆类短视频

美妆类短视频包括美妆教学、测评、护肤等，并加入剧情，将产品与广告自然而然地融入短片中，具有较高的观赏性与趣味性，如图5-5所示。

4.剧情类短视频

剧情类短视频具有竖屏、个性、反转化的特点，营造沉浸式的剧情体验，使得用户与剧中人物间的互动性增强；同时快节奏的叙事手法使短视频内容更具看点，如图5-6所示。

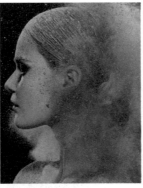

图5-5

图5-6

5. 知识类短视频

知识类短视频包括文化、科学、人文、历史、自然等不同领域的知识科普。与枯燥的书本、资料相比，知识类短视频更加立体化、通俗化，便于大众在闲暇时了解信息，给人们带来更加轻松的学习体验，如图5-7所示。

图5-7

5.1.3 短视频的构图方法

构图是表现视频内容的重要因素，根据画面的布局与结构，结合有趣的内容策划与情感表现，可以使短视频的主题更加明确、富含表现力与视觉感染力。不同的诉求效果需要不同的构图，以下是一些常见的构图方式。

　　三分法构图：是用"井"字直线将画面分割为9个相等的方格，是最常见也是最基本的构图方式，整个画面表现分明、简练，多用于人像或景物的视频拍摄，如图5-8所示。

图5-8

　　对称式构图：呈现平衡、稳定的视觉效果，由画面中的人物或环境形成对称主体，营造均衡、和谐的画面美感，如图5-9所示。

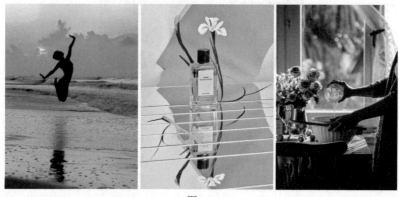

图5-9

　　引导线构图：利用画面中的线条吸引目光，视焦点会集聚在画面中具有方向性、连贯性的一处，此时人物或表现主体通常位于该中心点，具有强调的作用。同时，引导线构图会形成由远及近的效果，增加画面的纵深感，如图5-10所示。

图5-10

框架式构图：是将画面主体使用框架进行围拢，引导观者目光集中，以更好地展现视频主题。同时，这种收缩的形式形成镜头感，令人产生窥视、探索的感受，提升画面的神秘感，引发观者的兴趣，如图5-11所示。

图5-11

留白：可以为观者提供充足的想象空间，使观者自由地进行画面补充与联想，是一种简约且直白的构图方式，如图5-12所示。

图5-12

5.1.4 短视频制作的原则

短视频的内容分为幽默搞怪、情感分享、时尚美妆、社会热点、广告创意、公益教育、知识科普等类型，如图5-13所示。针对短视频的内容进行策划时，可以遵循以下基本原则。

创意性原则：创意性是影响用户点击、观看、评论短视频的关键因素，优秀的创意可以使平淡无奇的内容变得引人注目。

幽默猎奇性原则：平淡无奇的视频无法打动用户，只有运用一定的创作手法渲染和塑造视频内容，为用户带来笑声，同时内容新奇能满足人们的好奇心，才能使其在众多的视频中脱颖而出。

能量性原则：正能量的内容可以更好地激发用户的情感与行为，形成情感共鸣，获得更多用户的好感。

精简性原则：短视频的时长较短、节奏要快、表达的内容不宜过多，这样才能获得更多的播放量。

时效性原则：把握特殊的时间节点与热点事件话题，借助热点可以扩大视频影响力与点击率，这是提高视频播放量的最直接且有效的方式。

图5-13

5.2 短视频制作实战

5.2.1 实例：根据音乐卡点视频特效

设计思路

案例类型：

本案例是风景展示的短视频作品，如图5-14所示。

图5-14

项目诉求：

　　本案例是将图像与背景音乐相结合，通过对音乐节奏的把握，使图像转换与光芒效果和音乐相协调，形成符合节奏、充满韵律感的画面效果。同时，通过不同图像色调的改变，带来不同的节奏感与视觉温度，带动观者情绪的改变，形成极具视觉感染力的画面效果，为观者带来沉浸式的观看体验。

设计定位：

　　本案例将图像铺满画面，使观者在第一时间感受作品的视觉冲击力，带来直观、清晰的视觉感受。随着音乐的变化，图像与光点特效发生变化，带动观者的情绪与内心，通过音乐把握视频节奏，提升作品的节奏感与吸引力。

配色方案

　　温暖、明媚的橙色调风景与淡雅、空灵的青色调风景依次出现在人们的视野中，呈现均衡的画面温度，具有较强的视觉冲击力。图像跟随背景音乐的节奏发生改变，使其转换不再突兀，给人以自然、流畅的视觉感受，如图5-15所示。

图5-15

主色：

青色多给人以冷静、端庄、淡然的感受，多幅图像中青色占据较大面积，呈现安静、幽远、空旷的视觉效果，降低了画面的温度，使观者情绪迅速冷静下来。潭边雪景与登高远眺的湖泊使作品萦绕着清爽、悠然的气息，带给观者心旷神怡的感受。

辅助色：

橙色常用于表现丰收、阳光、秋季的景象，其蕴含着温暖、朝气的特点，常给人富丽、耀眼、饱满的视觉感受。本案例使用纯度较高的阳橙色作为辅助色，使表现秋景的画面充满温暖、明快的气息。

点缀色：

紫红色与桃红色的光点特效装点画面，跟随音乐节奏的变化移动位置，营造轻快、自由的氛围。同时，粉色可以带来活泼、秀丽的视觉感受，将其作为点缀色使用，可以使作品的画面更加引人注目。

版面构图

本案例采用引导线式的构图方式，通过不同的风景照片中存在的线条分割画面，形成不同的画面重心。通过图像与音乐的结合，以及充满节奏感的图片转换吸引观者目光。由于图片色调的不同，在快节奏的播放过程中，丰富绚丽的色彩易产生碰撞，带来强烈的视觉刺激，如图5-16和图5-17所示。

图5-16　　　　　　　　　　　　　图5-17

操作思路

本案例使用"自动匹配序列"命令匹配素材时间长短，使用"速度/持续时间"命令调整视频速率。

操作步骤

❶ 在菜单栏中执行"文件"|"新建"|"项目"命令，新建一个项目。执行"文件"|"新建"|"序列"命令，在弹出的"新建序列"对话框中单击"设置"按钮，设置"编辑模式"为"自定义"，"时基"为25.00帧/秒，"帧大小"为540，"水平"为960，"像素长宽比"为D1/DV PAL（1.0940），单击"确定"按钮。执行"文件"|"导入"命令，在弹出的"导入"对话框中单击"素材"文件夹，单击"导入文件夹"按钮，如图5-18所示。

图5-18

2 在"项目"面板中展开"素材",选择"配乐.mp3"素材文件,按住鼠标左键将其拖曳到"时间轴"面板中的A1轨道上,如图5-19所示。

图5-19

3 将时间线滑动至11秒21帧位置处,在"时间轴"面板中单击A1轨道上的"配乐.mp3"素材文件,使用Ctrl+K组合键进行裁切,如图5-20所示。

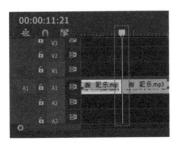

图5-20

4 在"时间轴"面板中单击A1轨道上"时间线"后方的"配乐.mp3"素材文件,按Delete键进行删除,如图5-21所示。

5 按空格键边播放边聆听素材声音,在合适的音效部分使用M键进行标记,如图5-22所示。

6 将时间线滑动至起始时间位置处,在"项目"面板中展开"素材"文件夹,单击选择"01.jpg"到"23.jpg"素材文件。在菜单栏中选择"剪辑"|"自动匹配序列"命令,如图5-23所示。

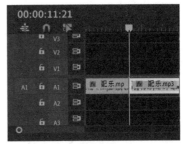

图5-21

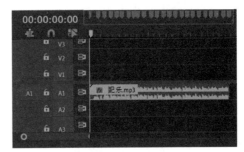

图5-22

图5-23

7 在弹出的"序列自动化"面板中单击"确定"按钮,如图5-24所示。

8 此时"时间轴"面板中的所有视频素材按照标记点插入"时间轴"面板中(视频素材文件顺序是不固定的,以自己制作的为准),如图5-25所示。

9 滑动时间线,此时的画面效果如图5-26所示。

图5-24

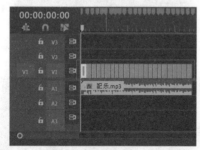

图5-25

图5-26

⑩ 在"时间轴"面板中选择V1轨道上的"1.jpg"素材文件；在"效果控件"面板中展开"运动"，设置"缩放"为110.0，如图5-27所示。

图5-27

⑪ 在"时间轴"面板中选择V1轨道上的"2.jpg"素材文件；在"效果控件"面板中展开"运动"，设置"缩放"为150.0，如图5-28所示。

⑫ 在"时间轴"面板中选择V1轨道上的"3.jpg"素材文件；在"效果控件"面板中展开"运动"，设置"缩放"为299.0，如图5-29所示。

图5-28　　　　　　图5-29

⑬ 使用同样的方法设置"时间轴"面板中V1轨道上其他素材合适的大小。滑动时间线，此时的画面效果如图5-30所示。

图5-30

⑭ 将"项目"面板中的"粒子.mp4"素材文件拖曳到"时间轴"面板中的V2轨道上，如图5-31所示。

图5-31

⑮ 在"时间轴"面板中选择V2轨道上的"粒子.mp4"素材文件；在"效果控件"面板中展开"运动"，设置"缩放"为400.0，"旋转"为90.0°，如图5-32所示。

⑯ 在"时间轴"面板中右键单击V2轨道上的"粒子.mp4"素材文件，在弹出的快捷菜单中执行"速度/持续时间"命令，如图5-33所示。

图5-32

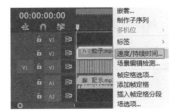

图5-33

图5-34

⑰ 在"剪辑速度/持续时间"面板中设置"速度"为84.45%，"持续时间"为00:00:11:21，单击"确定"按钮，如图5-34所示。

⑱ 此时本案例制作完成。滑动时间线，画面效果如图5-35所示。

图5-35

5.2.2 实例：快速拉伸转场特效

设计思路

案例类型：

本案例是拉伸转场特效展示的短视频作品，如图5-36所示。

图5-36

项目诉求：

本案例通过使用拉伸转场特效，打造动感、个性的视频风格；通过不同方向的拉伸效果与花卉种类和色彩的变化改变画面的风格，使清新、安静的画面与热烈、鲜活的画面形成强烈反差，具有较强的视觉冲击力，给人留下深刻印象。

设计定位：

本案例使用单纯的图像铺满整个画面，通过鲜艳、饱满的色彩与花卉的特写带来直观的视觉冲击力。拉伸转场特效的使用使前后两个镜头间迅速衔接，画面具有较强的动感。浓郁、绚丽的色彩使花朵更显鲜活的同时给人带来极强的视觉刺激。

配色方案

墨绿色与苹果绿色的搭配赋予画面蓬勃的生命力，使整体画面充满生机。在其衬托下，花朵更加绚丽、鲜活，整体画面洋溢着清新的自然气息，如图5-37所示。

图5-37

主色：

墨绿色与苹果绿色在画面中所占比重较大，两种色彩形成同类色搭配，呈现统一、和谐的视觉效果。同时，两种色彩形成鲜明的明暗层次对比，丰富了背景中叶片的细节感，使其更加细腻、真实，带来生机盎然的视觉感受。

辅助色：

本案例使用纯度较高的红色与铬黄色作为辅助色，在视频两次拉伸转场效果后出现，热烈、鲜艳的色彩赋予画面鲜活的气息，增强了画面的视觉冲击力。

点缀色：

画面中白色郁金香呈现灰色，色彩柔和、含蓄，给人以安静、淡然的视觉感受。但在墨绿色背景的衬托下其又较为明亮，呈现纯净、温柔的视觉效果，使画面充满清新的气息。

版面构图

本案例采用满版型的构图方式，通过将图像铺满画面，给人直观的视觉冲击力。在视频前段的画面中，灰色的郁金香在墨绿色叶片的衬托下趋近于白色，呈现纯洁、无瑕的视觉效果。中间处的拉伸转场特效的使用迅速切换场景，使前段白色郁金香与后段红色郁金香的色彩形成强烈对比，营造火热、鲜活的画面气氛，利用截然不同的色彩纯度与氛围，给观者留下深刻印象，如图5-38和图5-39所示。

图5-38 　　　　　　　　　　图5-39

操作思路

本案例使用"方向模糊"效果创建关键帧，并通过关键帧动画制作出模糊效果。

操作步骤

❶ 在菜单栏中执行"文件"|"新建"|"项目"命令，新建一个项目。执行"文件"|"新建"|"序列"命令，在弹出的"新建序列"对话框中单击"设置"按钮，设置"编辑模式"为"DV-PAL"，"时基"为25.00帧/秒，"像素长宽比"为D1/DV-PAL 宽荧幕 16：9（1.4587），单击"确定"按钮。执行"文件"|"导入"命令，在弹出的"导入"对话框中选择所有素材文件，单击"打开"按钮，如图5-40所示。

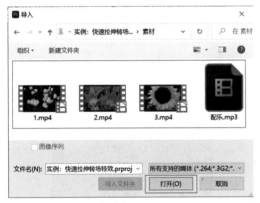

图5-40

❷ 在"项目"面板中选择"1.mp4"素材文件，按住鼠标左键将其拖曳到"时间轴"面板中的V1轨道上，如图5-41所示。

图5-41

❸ 将时间线滑动至2秒位置处，在"时间轴"面板中单击V1轨道上的"1.mp4"素材文件，使用Ctrl+K组合键进行裁切，如图5-42所示。

图5-42

❹ 在"时间轴"面板中单击V1轨道上"时间线"后方的"1.mp4"素材文件，按Delete键进行删除，如图5-43所示。

图5-43

❺ 在"时间轴"面板中选择V1轨道上的"1.mp4"素材文件；在"效果控件"面板中展开"运动"，设置"缩放"为60.0，如图5-44所示。

图5-44

❻ 在"效果"面板中搜索"方向模糊"效果，将该效果拖曳到"时间轴"面板中的V1轨道上的"1.mp4"素材文件上，如图5-45所示。

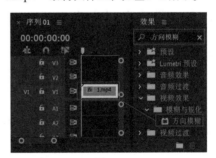

图5-45

❼ 将时间线滑动至起始帧位置处，选择V1轨道上的"1.mp4"素材文件，在"效果控件"面板中展开"方向模糊"，单击"模糊长度"前面的 ⏱（切换动画）按钮，创建关键帧，设置"模糊长度"为0.0，如图5-46所示。将时间线滑动至8帧位置处，设置"模糊长度"为150.0。将时间线滑动至9帧位置处，设置"模糊长度"为9.0。将时间线滑动至10帧位置处，设置"模糊长度"为14.0。将时间线滑动至11帧位置处，设置"模

糊长度"为0.0。将时间线滑动至12帧位置处，设置"模糊长度"为5.0，将时间线滑动至14帧位置处，设置"模糊长度"为0.0。

图5-46

⑧ 框选刚刚添加的所有关键帧并右键单击，在弹出的快捷菜单中选择"连续贝塞尔曲线"命令，如图5-47所示。

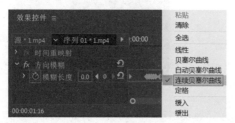

图5-47

⑨ 滑动时间线，此时的画面效果如图5-48所示。

图5-48

⑩ 在"项目"面板中选择"2.mp4""3.mp4"素材文件，按住鼠标左键将其拖曳到"时间轴"面板中的V1轨道中的"1.mp4"素材文件后方，如图5-49所示。

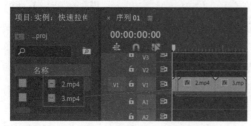

图5-49

⑪ 将时间线滑动至4秒位置处，在"时间轴"面板中单击V1轨道上的"2.mp4"素材文件，使用Ctrl+K组合键进行裁切，如图5-50所示。

图5-50

⑫ 在"时间轴"面板中单击V1轨道上"时间线"后方的"2.mp4"素材文件，使用Shift+Delete组合键进行波纹删除，如图5-51所示。

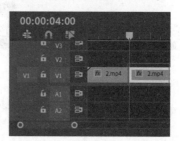

图5-51

⑬ 将时间线滑动至6秒位置处，在"时间轴"面板中单击V1轨道上的"3.mp4"素材文件，使用Ctrl+K组合键进行裁切，如图5-52所示。

图5-52

⑭ 在"时间轴"面板中单击V1轨道上"时间线"后方的"3.mp4"素材文件，按Delete键进行删除，如图5-53所示。

⑮ 在"时间轴"面板中选择V1轨道上的"2.mp4"素材文件；在"效果控件"面板中展开"运动"，设置"缩放"为60.0，如图5-54所示。

⑯ 在"效果"面板中搜索"方向模糊"效果，将该效果拖曳到"时间轴"面板中的V1轨道上

的"2.mp4"素材文件上，如图5-55所示。

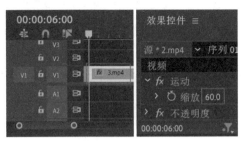

图5-53　　　　　图5-54

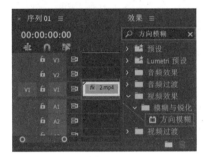

图5-55

⑰ 将时间线滑动到2秒位置处，选择V1轨道上的"2.mp4"素材文件，在"效果控件"面板中展开"方向模糊"，设置"方向"为90.0°，单击"模糊长度"前面的 ⓞ（切换动画）按钮，创建关键帧，设置"模糊长度"为0.0，如图5-56所示。将时间线滑动到2秒08帧位置处，设置"模糊长度"为150.0。将时间线滑动至2秒09帧位置处，设置"模糊长度"为9.0。将时间线滑动至2秒10帧位置处，设置"模糊长度"为14.0。将时间线滑动至2秒11帧位置处，设置"模糊长度"为0.0。将时间线滑动至2秒12帧位置处，设置"模糊长度"为5.0。将时间线滑动至2秒14帧位置处，设置"模糊长度"为0.0。

图5-56

⑱ 框选刚刚添加的所有关键帧并右键单击，在弹出的快捷菜单中选择"连续贝塞尔曲线"命令，如图5-57所示。

图5-57

⑲ 滑动时间线，此时的画面效果如图5-58所示。

图5-58

⑳ 在"时间轴"面板中选择V1轨道上的"3.mp4"素材文件；在"效果控件"面板中展开"运动"，设置"缩放"为60.0，如图5-59所示。

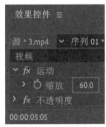

图5-59

㉑ 在"效果"面板中搜索"方向模糊"效果，将该效果拖曳到"时间轴"面板中的V1轨道上的"3.mp4"素材文件上，如图5-60所示。

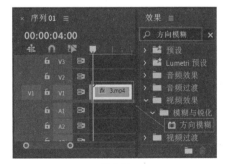

图5-60

22 将时间线滑动到4秒位置处，选择V1轨道上的"3.mp4"素材文件，在"效果控件"面板中展开"方向模糊"，设置"方向"为90.0°，单击"模糊长度"前面的 ⏱ （切换动画）按钮，创建关键帧，设置"模糊长度"为0.0，如图5-61所示。将时间线滑动到4秒08帧位置处，设置"模糊长度"为150.0。将时间线滑动至4秒9帧位置处，设置"模糊长度"为9.0。将时间线滑动至4秒10帧位置处，设置"模糊长度"为14.0。将时间线滑动至4秒11帧位置处，设置"模糊长度"为0.0。将时间线滑动至4秒12帧位置处，设置"模糊长度"为5.0。将时间线滑动至4秒14帧位置处，设置"模糊长度"为0.0。

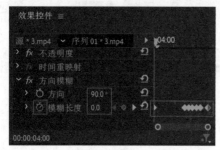

图5-61

23 框选刚刚添加的所有关键帧并右键单击，在弹出的快捷菜单中执行"连续贝塞尔曲线"命令，如图5-62所示。

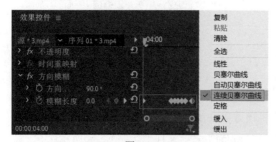

图5-62

24 在"项目"面板中将"配乐.mp3"素材文件拖曳到"时间轴"面板中的A1轨道上，如图5-63所示。

25 将时间线滑动至6秒位置处，在"时间轴"面板中单击A1轨道上的"配乐.mp3"素材文件，使用Ctrl+K组合键进行裁切，如图5-64所示。

26 在"时间轴"面板中单击A1轨道上"时间线"后方的"配乐.mp3"素材文件，按Delete键进行删除，如图5-65所示。

图5-63

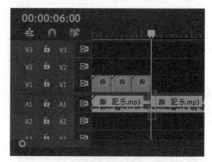

图5-64

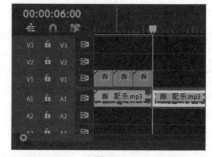

图5-65

27 此时本案例制作完成。滑动时间线，画面效果如图5-66所示。

图5-66

5.2.3 实例：连续推拉动画

案例类型：

本案例是连续推拉画效果设计作品，如图5-67所示。

图5-67

项目诉求：

本案例通过缩放与不透明度的变化实现画面中不同风景图像的切换，利用光影、空间感与色调等元素使前后不同画面的衔接更加自然，使整体视频的播放更加流畅。画面中的不同风景较多呈现镜像构图的效果，形成均衡、稳定的视觉效果，增强了画面的空间感，带来壮阔、悠远的视觉感受，令人心旷神怡。

设计定位：

本案例采用分割式的构图方式。利用图像中地平线、水面、山脚等线条将画面分割，形成均衡、稳定、一目了然的效果，给人留下水天一色、壮丽优美的印象。通过不透明度的改变，使画面发生明度的变化，使整体画面氛围更加平静。

黑色、灰色、青蓝色、琥珀色以及深蓝色等丰富色彩的搭配，打造出瑰丽壮阔的湖光山色，松柏绿色与午夜蓝色的搭配将绚丽的极光展现在观者面前，使整体画面充满视觉吸引力，如图5-68所示。

图5-68

主色：

本案例整体画面明度较低，给人以幽暗、宁静的视觉感受。画面中黑色占据较大比重，使景色仿佛笼罩在夜色中，呈现幽静、旷远的画面效果，具有较强的视觉表现力。

辅助色：

本案例使用青蓝色、松柏绿色作为辅助色，其色彩纯度较高且明度较低，使画面呈现出深沉、幽远、沉静的视觉效果，更显景色恢宏壮丽。

点缀色：

棕色与深蓝色作为点缀色，形成色彩冷暖的对比，同时山川与天空之间截然不同的表现力，赋予色彩以空灵神秘与温暖威严的不同属性。

版面构图

本案例通过地平线、水面、山脚等线条分割画面，形成镜像构图，带动观者延伸视线，增强了画面的空间感，给人以均衡、空旷、安静的视觉感受。画面留白较多，为观者留下想象的空间，同时营造空旷、寂静的画面氛围，具有较强的视觉感染力，如图5-69和图5-70所示。

图5-69　　　　　　　图5-70

操作思路

本案例使用"缩放"与"不透明度"创建关键帧，并通过关键帧动画制作出画面的推拉效果。

操作步骤

❶ 在菜单栏中执行"文件"|"新建"|"项目"命令，新建一个项目。执行"文件"|"导入"命令，在弹出的"导入"对话框中选择所有素材文件，单击"打开"按钮，如图5-71所示。

图5-71

❷ 在"项目"面板中选择"01.jpg"素材文件，按住鼠标左键将其拖曳到"时间轴"面板中的V1轨道上，如图5-72所示。

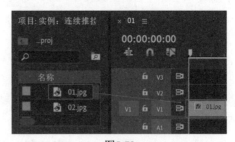

图5-72

❸ 此时的画面效果如图5-73所示。

❹ 在"时间轴"面板中将V1轨道上的"01.jpg"素材文件的结束时间拖曳到20帧位置处，如图5-74所示。

5 在"项目"面板中将"02.jpg"到"05.jpg"素材文件拖曳到"01.jpg"素材文件后方，如图5-75所示。

图5-73

图5-74

图5-75

6 在"时间轴"面板中将V1轨道上的"02.jpg"素材文件的结束时间拖曳到1秒15帧位置处，将后面的素材文件拖曳到"02.jpg"素材文件的结束位置处，如图5-76所示。

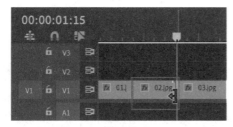

图5-76

7 在"时间轴"面板中将V1轨道上的"03.jpg"素材文件的结束时间拖曳到2秒10帧位置处，将

后面的素材文件拖曳到"03.jpg"素材文件的结束位置处，如图5-77所示。

8 使用同样的方法设置"04.jpg"与"05.jpg"素材文件的持续时间。滑动时间线，此时画面的效果如图5-78所示。

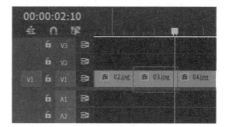

图5-77

图5-78

9 将时间线滑动到起始帧位置处，选择V1轨道上的"01.jpg"素材文件，在"效果控件"面板中展开"运动"，单击"缩放"前面的 ○（切换动画）按钮，创建关键帧，设置"缩放"为100.0，如图5-79所示。将时间线滑动到20帧位置处，设置"缩放"为300.0。

图5-79

10 将时间线滑动到起始帧位置处，选择V1轨道上的"01.jpg"素材文件，在"效果控件"面板中展开"不透明度"，单击"不透明度"前面的 ○（切换动画）按钮，创建关键帧，设置"不透

明度"为0，如图5-80所示。将时间线滑动到10帧位置处，设置"不透明度"为100.0%。将时间线滑动到20帧位置处，设置"缩放"为0。

图5-80

⓫ 将时间线滑动到20帧位置处，选择V1轨道上的"02.jpg"素材文件，在"效果控件"面板中展开"运动"，单击"缩放"前面的 ⓞ（切换动画）按钮，创建关键帧，设置"缩放"为100.0，如图5-81所示。将时间线滑动到1秒15帧位置处，设置"缩放"为300.0。

图5-81

⓬ 将时间线滑动到20帧位置处，选择V1轨道上的"02.jpg"素材文件，在"效果控件"面板中展开"不透明度"，单击"不透明度"前面的 ⓞ（切换动画）按钮，创建关键帧，设置"不透明度"为0。将时间线滑动到1秒05帧位置处，设置"不透明度"为100.0%。将时间线滑动到1秒15帧位置处，设置"不透明度"为0，如图5-82所示。

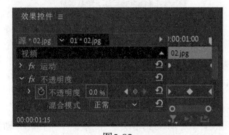

图5-82

⓭ 将时间线滑动到1秒15帧位置处，选择V1轨道上的"03.jpg"素材文件，在"效果控件"面板

中展开"运动"，单击"缩放"前面的 ⓞ（切换动画）按钮，创建关键帧，设置"缩放"为100.0，如图5-83所示。将时间线滑动到2秒10帧位置处，设置"缩放"为300.0。

图5-83

⓮ 将时间线滑动到1秒15帧位置处，选择V1轨道上的"03.jpg"素材文件，在"效果控件"面板中展开"不透明度"，单击"不透明度"前面的 ⓞ（切换动画）按钮，创建关键帧，设置"不透明度"为0。将时间线滑动到2秒位置处，设置"不透明度"为100.0%。将时间线滑动到2秒10帧位置处，设置"不透明度"为0，如图5-84所示。

图5-84

⓯ 将时间线滑动到2秒10帧位置处，选择V1轨道上的"04.jpg"素材文件，在"效果控件"面板中展开"运动"，单击"缩放"前面的 ⓞ（切换动画）按钮，创建关键帧，设置"缩放"为100.0，如图5-85所示。将时间线滑动到3秒05帧位置处，设置"缩放"为300.0。

图5-85

⒃ 将时间线滑动到2秒10帧位置处，选择V1轨道上的"04.jpg"素材文件，在"效果控件"面板中展开"不透明度"，单击"不透明度"前面的◎（切换动画）按钮，创建关键帧，设置"不透明度"为0，如图5-86所示。将时间线滑动到2秒20帧位置处，设置"不透明度"为100.0%。将时间线滑动到3秒05帧位置处，设置"不透明度"为0。

图5-86

⒄ 将时间线滑动到3秒05帧位置处，选择V1轨道上的"05.jpg"素材文件，在"效果控件"面板中展开"运动"，单击"缩放"前面的◎（切换动画）按钮，创建关键帧，设置"缩放"为100.0，如图5-87所示。将时间线滑动到4秒位置处，设置"缩放"为300.0。

图5-87

⒅ 将时间线滑动到3秒05帧位置处，选择V1轨道上的"05.jpg"素材文件，在"效果控件"面板中展开"不透明度"，单击"不透明度"前面的◎（切换动画）按钮，创建关键帧，设置"不透明度"为0。将时间线滑动到3秒15帧位置处，设置"不透明度"为100.0%。将时间线滑动到4秒位置处，设置"不透明度"为0，如图5-88所示。

⒆ 滑动时间线，此时的画面效果如图5-89所示。

⒇ 在"项目"面板中将"配乐.mp3"素材文件拖曳到"时间轴"面板中的A1轨道上，如图5-90所示。

21 将时间线滑动至4秒位置处，单击"时间轴"

面板中的"配乐.mp3"素材文件，使用Ctrl+K组合键进行裁切，如图5-91所示。

图5-88

图5-89

图5-90

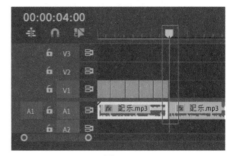

图5-91

㉒ 在"时间轴"面板中单击选择A1轨道上的
"时间线"后面的"配乐.mp3"素材文件，按
Delete键进行删除，如图5-92所示。

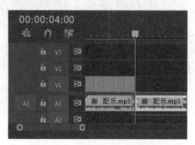

图5-92

㉓ 此时本案例制作完成。滑动时间线，画面效
果如图5-93所示。

图5-93

5.2.4 实例：视频滑动动画特效

设计思路

案例类型：

本案例是视频滑动动画特效设计作品，如图5-94所示。

图5-94

项目诉求：

本案例通过不同时间段人物位置的改变展现滑动动画效果。画面中模糊的人物形象能够引起观
者的兴趣，使其针对人物的形象与目的产生思考，引发观者对于后续内容的联想，增强了视频内容
与观者间的互动性。同时，通过逐渐清晰的人物形象解答了观者的疑惑，给人以豁然开朗的感觉。

设计定位：

本案例中人物占据画面的面积较小，画面中的大量留白提升了空间感，为观者留下了充足的

想象空间，并带来简约、清晰、直白的视觉感受。随着人物身影的逐渐清晰，使极具动感的画面变得安静、简单，给人以悠闲、自在的视觉感受。

配色方案

亮灰色具有白色的亮眼与简约，并增添了黑色的视觉重量，将其作为背景色使用，使整体画面简洁而不失视觉吸引力。同时，搭配高纯度的铬绿色，带来极强的视觉刺激，如图5-95所示。

图5-95

主色：

亮灰色的背景色具有较高的明度，同时灰色作为无彩色的一种，具有含蓄、安静、简约的特点，给人以内敛、朴素的视觉感受。将亮灰色作为主色进行使用，打造简约、安静的画面效果。

辅助色：

本案例使用色彩纯度较高的铬绿色作为辅助色，在无彩色的亮灰色的衬托下更加鲜艳、饱满，具有较强的视觉冲击力。同时，铬绿色赋予画面鲜活、蓬勃的生命力，给人留下时尚、醒目、个性的视觉印象。

点缀色：

棕色作为点缀色使用，赋予画面温暖、成熟的气息，使人物形象展现复古、摩登的风格，增添时尚感。同时，棕色的纯度较高，与铬绿色形成鲜明对比，丰富了画面色彩，提升了画面的视觉冲击力。

版面构图

本案例采用留白式的构图方法，人物在不同时间段位于画面的左侧、右侧以及中央位置，使其左右两侧形成大量空白区域，为观者留下想象空间。人物位置的不断改变促使画面结构的变化，最终形成稳定、平衡的画面结构，给人以简单、平稳的感觉，带来安定、宁静的视觉感受，如图5-96和图5-97所示。

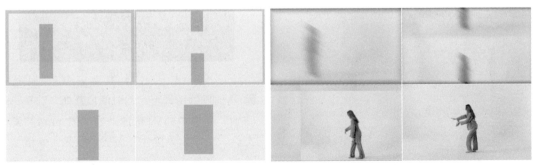

图5-96   图5-97

操作思路

本案例使用"偏移""方向模糊"效果制作出视频滑动动画。

操作步骤

❶ 在菜单栏中执行"文件"|"新建"|"项目"命令，新建一个项目。执行"文件"|"导入"命令，在弹出的"导入"对话框中选择"01.mp4"素材文件，单击"打开"按钮，如图5-98所示。

图5-98

❷ 在"项目"面板中选择"01.mp4"素材文件，按住鼠标左键将其拖曳到"时间轴"面板中的V1轨道上，如图5-99所示。

图5-99

❸ 此时的画面效果如图5-100所示。

图5-100

❹ 将时间线滑动至12秒12帧位置处，在"时间轴"面板中单击选择V1轨道上的"01.mp4"素材文件，使用Ctrl+K组合键进行剪切，如

图5-101所示。

图5-101

❺ 在"时间轴"面板中单击V1轨道上时间线后面的"01.mp4"素材文件，按Delete键进行删除，如图5-102所示。

图5-102

❻ 在"效果"面板中搜索"偏移"效果，将该效果拖曳到"时间轴"面板中的V1轨道上的"01.mp4"素材文件上，如图5-103所示。

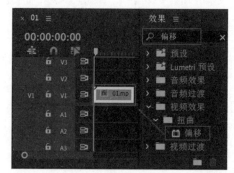

图5-103

❼ 将时间线滑动至起始时间位置处，选择"时间轴"面板中的V1轨道上的"01.mp4"素材文件，在"效果控件"面板中展开"偏移"，单击"将中心移位至"前面的 ◌（切换动画）按钮，创建关键帧，设置"将中心移位至"为（1366.0,720.0），如图5-104所示。将时间线滑动到4秒26帧位置处，设置"将中心移位至"为（17759.1,3601.0）。

❽ 滑动时间线，此时的画面效果如图5-105所示。

图5-104

图5-105

9 在"效果"面板搜索"方向模糊"效果，将该效果拖曳到"时间轴"面板中的V1轨道上的"01.mp4"素材文件上，如图5-106所示。

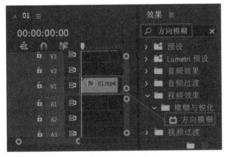

图5-106

10 将时间线滑动至起始时间位置处，选择"时间轴"面板中的V1轨道上的"01.mp4"素材文件，在"效果控件"面板中展开"方向模糊"，设置"方向"为300.0°，单击"模糊长度"前面的 ⊙（切换动画）按钮，创建关键帧，设置"模糊长度"为100.0，如图5-107所示。将时间线滑动到2秒23帧位置处，设置"模糊长度"为0.0。

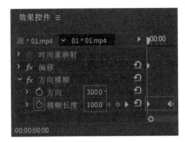

图5-107

11 此时本案例制作完成，滑动时间线，画面效果如图5-108所示。

图5-108

影视特效设计

· 本章概述 ·

影视特效是指在影视中人工制造出来的假象和幻觉，电影摄制者利用这些特效以避免演员处于危险情况，以及使影片更加惊心动魄、扣人心弦，同时利用特效还可以减少电影的制作成本。作为电影产业中必不可缺的元素之一，影视特效的进步为电影的发展做出了巨大贡献。除此之外，影视特效在游戏制作、广告、媒体视频、网页等领域也有应用。本章主要从影视特效的定义、影视特效的常见类型、影视特效的内容以及影视特效制作的原则等方面介绍影视特效设计。

6.1 影视特效概述

电影是视觉表现的艺术，创作者通过视听语言描绘情节发展，表现人物情感与环境，以此吸引并感染观众。影视特效作为电影产业中不可或缺的元素之一，广泛应用于科幻场景、魔术、回忆、动作效果、虚构场景等不同情景，在视觉传达设计中占有重要地位。一个好的特效应用可以使画面更加震慑人心，为创作者提供无尽的想象空间，从而创造出丰富、生动的影视作品。

6.1.1 什么是影视特效

电影、电视作品中为什么要出现特效？众所周知，电影和电视剧、短视频、广告等拍摄都需要有剧本，当现实中不存在或没有满足剧本和情节需要的场景时，便需要根据剧本和情节来使用特效，为演员的表演提供效果，最终完成影视剧本的拍摄与呈现。影视作品中不存在的事物以及某种特定效果，都可以通过特效的使用在影片中呈现出来，如图6-1所示。

图6-1

6.1.2 影视特效的常见类型

随着计算机技术的不断进步，影视特效将原本难以实现的题材与场景搬上大荧幕，创建了全新的电影语言样式与风格。通过影视特效，创作者可以创造出不存在的人、物、场景、空间以及历史、古老的建筑等，实现现代与历史的对话，同时使电影种类与视觉表现更加丰富。动作片、科幻片、宣传片、动画、游戏制作、广告短片等都有着影视特效的痕迹。影视特效大致可分为视觉特效与声音特效两类。

1.视觉特效

视觉特效是将概念形象化，是将文字变为图像、将技术变为艺术、将虚幻变为现实的过程。当这种虚拟的、超现实的视觉效果出现在观众面前时，人们会产生强烈的情感反应。为了达到逼真的效果，令观众信以为真，在特效制作的过程中会使用多种手段；通过传统智慧与现代技术的结合，可以更好地完成整个影片的艺术创作。视觉特效根据制作手段的不同，大致可划分为实景特效、合成特效、三维特效、物理模拟特效、化妆特效等几种类型。

1）实景特效

实景特效是指在实际拍摄中获取的特殊效果，也可称为实拍特效。实景特效大多通过拍摄道具组搭建的等比例的缩小模型，再与真人实拍镜头相结合，是影视特效中出现最早、存在时间最长、最为广泛应用的一种特效制作方法。典型的实景特效包括射击、爆炸、火焰、雨雪、自然灾难、运动、飞行、波浪等，如图6-2所示。

图6-2

针对建筑、景观、车辆等不同场景的制作，实景特效广泛地使用缩微模型道具进行拍摄，其原因在于以下两个方面。

一方面是搭建的场景根本不存在于现实世界，是完全被创造出来的事物，如黏土动画、纸偶动画、木偶动画等的拍摄，如图6-3所示。

图6-3

另一方面是真实场景的创建价格高昂，或是真人在现实中无法完成影片需要的动作。例如，灾难、大量人群、飞行的场景，这类场景的模型很难在短时间内完成，并且难以呈现，如图6-4所示。

2）合成特效

合成特效是指将实拍元素、三维模型或者绘制的图像真实而自然地进行组合，形成独特、逼真的视觉效果，往往在画面中加入不存在的视觉元素，或是将原本画面中的部分视觉元素去除，抑或是使用新的内容进行替换。合成特效使用图层的概念进行元素的组合，例如影视制作中常用的通过绿布布景提取人像或是更换背景、合成广告等，如图6-5所示。

图6-4

图6-5

3）三维特效

三维特效中包含三维角色与数字场景两种不同的分类。随着计算机技术的革新进步，图形实现了早期的二维效果到三维效果的转化。使用现代的三维特效技术可以制作出不存在于现实生活中的人物与场景。

三维角色可以更好地完成一些危险动作，还可以模拟真实人物的肌肉运动、神态、口型、皮肤状态等，甚至可以达到以假乱真的地步。影视特效中，角色建模已经十分常见，通过不同材质的特性，如金属、玻璃、塑料、木材、皮肤毛孔、光线等，使三维角色的形象更加逼真、生动。例如，游戏、三维动画、广告等，如图6-6所示。

图6-6

数字场景特效可以充分地展现背景的细节，带来真实、生动的视觉体验。与传统的手绘背景相比，利用数字技术创造精细复杂的背景环境要更为容易。例如，千军万马的宏大背景、恢宏的建筑群等，如图6-7所示。

图6-7

4）物理模拟特效

物理模拟特效是影视特效中出现最多的类型，多为气象变化方面的内容。天气是最易渲染气氛、表达人物情感情绪变化的因素，同时可以引导故事情节发展。例如，风暴、落雨、烟雾、冰雪等，可以表现灾难、梦境、想象等，以及传递紧张、惊险、悲伤等不同情感，如图6-8所示。

图6-8

5）化妆特效

化妆特效的运用范围广泛，如常见的伤口效果、面具、老年妆容、血浆、仿生动物等。化妆特效是根据特定角色形象进行妆面、道具、服装等搭配，再结合电脑技术，使演员呈现特定的状态，如图6-9所示。

图6-9

2.声音特效

声音特效即使用软件或其他手段,为影片中某些无法正常展现的场景声音进行音效的添加。例如,影片中射击、撞击、脚步、破碎、烹饪的声音。声音特效的存在使影片场景更加逼真,如动作片中击打的场景,使其更具感染力与表现力。

6.1.3 影视特效的内容

影视特效是对影片素材、动画、背景、人物、故事情节、镜头等做出处理,使其按照编剧、脚本以及导演的要求进行呈现,形成完整的影片表现效果。一般的影视特效包含以下内容。

镜头间根据故事情节要求的转场效果:淡入淡出、动画、色彩等不同的转场过渡效果,可以更好地渲染与表达影片主题,如图6-10所示。

图6-10

视频播放速度的特效处理:将正常拍摄的影片以倍速或延时的形式进行处理,使影片情节更加切合主题,如定格动画与重大场景的展现等,如图6-11所示。

图6-11

视频色调:依据影片的情节与风格,使用不同的色彩饱和度、明度、色相、曝光度等,形成不同的画面滤镜,以此烘托影片主题,如图6-12所示。

字幕特效:为了使影片内容与影片的主题、风格相协调,需要从字幕的字体、透视角度、色彩、光线方向、出入画面的方式等不同方面进行处理,如图6-13所示。

图6-12

图6-13

6.1.4 影视特效设计的原则

影视作品完成的过程相当复杂，影视特效的使用要将每一个镜头、片段、细节更好地联系在一起，反复推敲斟酌，才能使作品更具艺术感染力，如图6-14所示。

图6-14

设计影视特效需要遵循以下几个原则。

内容性原则：好的故事情节比精心的技巧更易打动人心，视觉效果是用来辅助故事发展的，因此恰到好处的特效处理可以使故事情节更加流畅、更加吸引观众。

形象性原则：一个平淡无奇的影视作品或是广告片是无法打动观众的，只有运用一定的艺术手法渲染和表现故事情节，才能使影片在众多的作品中脱颖而出。

经济性原则：复杂的特效技术可以产生震慑人心的场景效果，但相对来讲，其投入的时间与资金也会随之增加，因此需要把握好资金投入与影视制作之间的关系。

影视特效是影视作品、广告、动画、游戏等作品吸引观众的重要原因之一，通过特效镜头的使用，使场景与故事情节的发展更加合理与真实，使观众感同身受，具有独特的视觉表现魅力。

6.2 影视特效设计实战

6.2.1 实例：真实电流效果

设计思路

案例类型：

本案例是电流效果展示作品，如图6-15所示。

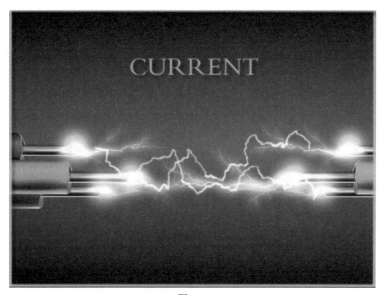

图6-15

项目诉求：

本案例是电流特效设计的作品。通过两侧电极的对应连通电流，展现强劲的电光，带来耀眼、强烈的视觉感受。强烈的电光同时营造出危险、紧张、不安的气氛，带动观者情绪变化，极具视觉感染力。

设计定位：

本案例将电极置于画面左右两侧，形成平衡、呼应的构图，文字位于画面的中间位置，与两侧电极构成三角形结构，增添稳定感。同时，结合深沉的画面色调，展现沉静、深邃的视觉效果。

配色方案

艳蓝色与蓝黑色的搭配使整体画面充满寂静、神秘的气息，白色的电光提升了画面的明度，给人带来耀眼、明亮的视觉感受，提升了画面的视觉冲击力，如图6-16所示。

图6-16

主色：

艳蓝色作为主色，色彩明度较低，展现夜色笼罩的效果，营造神秘、寂静的画面氛围；同时其纯度较高，具有较强的视觉重量感，增强了画面的视觉压迫感，带来较强的视觉刺激。

辅助色：

本案例使用明度较高的白色作为辅助色，在低明度背景的衬托下展现电光的强劲、刺目，形成强烈的视觉冲击力。

点缀色：

红色、明绿色作为点缀色使用，色彩鲜艳、浓郁，形成鲜明的互补色对比，为画面增添亮点，提升了画面的视觉吸引力；同时丰富了画面色彩，活跃了画面氛围。

版面构图

本案例采用重心型的构图方式，两侧电极与中心电流占据画面视觉重心，形成稳定、平衡的画面效果，给人留下平稳、安全的视觉印象。文字位于画面的中央位置，具有较强的视觉吸引力，可以更快地传递作品信息。整体画面使用冷色调色彩，结合边缘的暗角效果，突出中心的主体文字与电流元素，同时极具视觉重量感，带来震撼、深沉的视觉感受，如图6-17和图6-18所示。

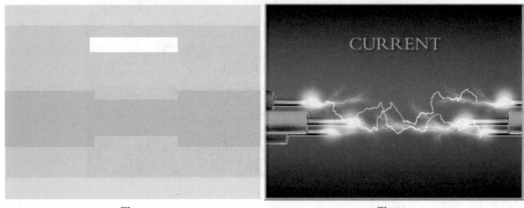

图6-17   图6-18

操作思路

本案例讲解了在Premiere Pro中使用"闪电"效果、文字工具制作电流效果。

操作步骤

❶ 在菜单栏中执行"文件"|"新建"|"项目"命令，在弹出的"新建项目"对话框中设置"名称"，单击"浏览"按钮，设置保存路径，单击"确定"按钮，如图6-19所示。

❷ 在"项目"面板空白处单击鼠标右键，执行"新建项目"|"序列"命令。在弹出的"新建序列"对话框中，选择"DV-PAL"文件夹下的"标准48kHz"，单击"确定"按钮，如图6-20所示。

图6-19

图6-20

3 在"项目"面板空白处双击鼠标左键，在弹出的"导入"对话框中选择"01.jpg"素材文件，单击"打开"按钮，如图6-21所示。

图6-21

④ 选择"项目"面板中的"01.jpg"素材文件，按住鼠标左键将其拖曳到V1轨道上，如图6-22所示。

⑤ 选择V1轨道上的"01.jpg"素材文件，在"效果"面板中搜索"闪电"效果，按住鼠标左键将其拖曳到"01.jpg"素材文件上，如图6-23所示。

⑥ 选择V1轨道上的"01.jpg"素材文件，在"效果控件"面板中展开"闪电"效果，设置"起始点"为（365.0,450.0），"结束点"为（750.0,400.0），"分段"为16，"细节级别"为6，"分支段"为4，"分支宽度"为0.700，如图6-24所示。

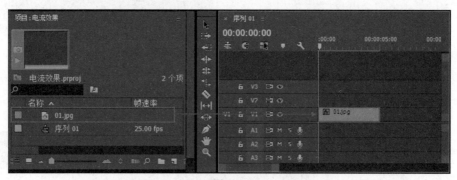

图6-22

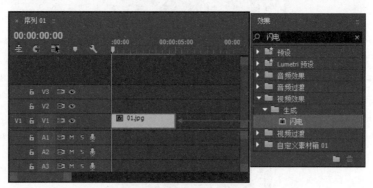

图6-23

⑦ 选择"闪电"效果，按Ctrl+C组合键复制"闪电"效果，按Ctrl+V组合键将其粘贴到V1轨道上的"01.jpg"素材文件上，如图6-25所示。

⑧ 在"效果控件"面板中展开复制后的"闪电"效果，设置"起始点"为（292.0,397.0），"结束点"为（760.0,507.0），如图6-26所示。此时的画面效果如图6-27所示。

⑨ 在菜单栏中执行"字幕"|"新建字幕"|"默认静态字幕"命令，在弹出的"新建字幕"对话框中设置"名称"，单击"确定"按钮，如图6-28所示。

⑩ 单击 **T**（文字工具）按钮，在"工作区域"中输入英文"CURRENT"，设置"字体系列"为

"Traditional Arabic"，"字体大小"为80.0，设置"颜色"为蓝色，选中"阴影"复选框，如图6-29所示。

图6-24

图6-25

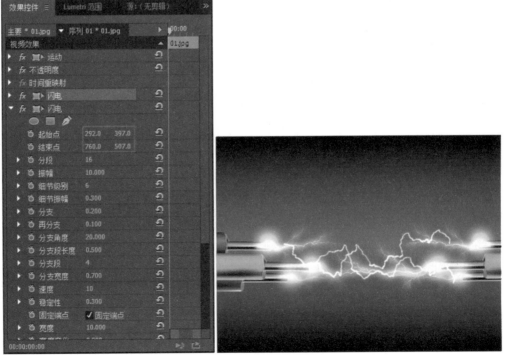

图6-26

图6-27

图6-28

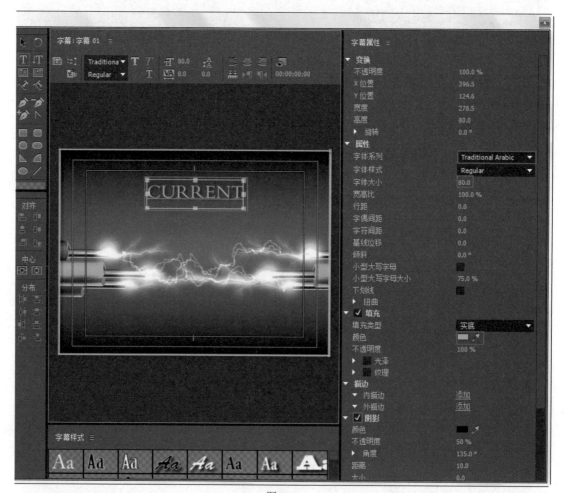

图6-29

⑪ 单击 ╱（直线工具）按钮，在"工作区域"画出边框，如图6-30所示。

⑫ 关闭字幕窗口。选择"项目"面板中的"字幕01"素材文件，按住鼠标左键将其拖曳到V2轨道上，如图6-31所示。

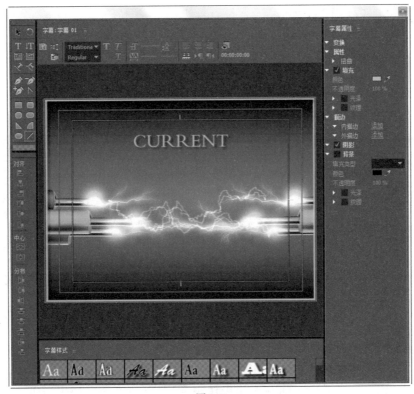

图6-30

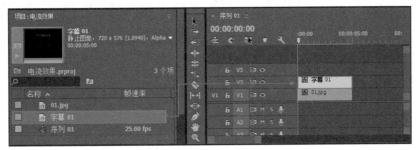

图6-31

⓭ 滑动时间轴，此时的画面效果如图6-32所示。

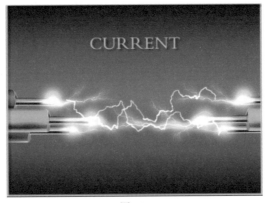

图6-32

6.2.2 实例：模拟光照效果

案例类型：

本案例是以光照特效设计的展示作品，如图6-33所示。

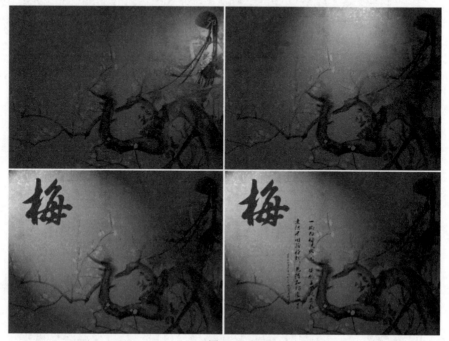

图6-33

项目诉求：

本案例通过光照位置的变化点亮背景与文字，工笔画笔触质感的人像和梅花与吟咏赞颂梅花的诗句在暖色光的照射下逐渐清晰，充满古色古香的韵味。苍劲的枝干与纤柔的花瓣形成对比，结合昏暗的色调，展现坚贞不屈、清雅的内涵，具有较强的视觉感染力，令人心生赞叹。

设计定位：

本案例将梅花与人像铺满画面，带来直观的视觉冲击力。同时，借梅花树枝的延伸将观者的目光引向画面的左侧，传递文字内容。文字采用垂直竖排的方式，给人一目了然、层次分明的感觉，使观者可以清晰地了解内容，具有较强的可读性，继而感受到作品所要表达的深刻内涵。

咖啡色的主色调与浅茶色光芒以及棕色的文字等色彩间形成邻近色的搭配，整个画面呈暖色调，同时低明度色彩的搭配赋予画面安静、深沉的特点，打造出古典、含蓄、庄重的画面效果，如图6-34所示。

图6-34

主色：

咖啡色作为作品主色，色彩明度较低，渲染古典、悠久的气息。结合纸张肌理质感，丰富了画面的表面质感，强化了作品的细节感。咖啡色作为一种暖色，奠定了画面的整体氛围，给人留下大气、庄重的视觉印象。

辅助色：

本案例使用明度相对较高的浅茶色作为辅助色，作为光照元素的色彩，既提升了画面的明度，照亮了人像背景与文字；同时又与整体色调相协调，增添了温馨、温暖的气息。

点缀色：

文字使用高纯度的暖色调的棕色进行设计，与整体色调形成统一、和谐的效果；同时文字在光照下与工笔画背景拉开层次，具有较强的视觉吸引力，形成画面的视觉焦点，引导观者进行阅读。

版面构图

本案例文字位于画面左侧，与右侧背景中的人物呈现相对平衡的构图，给人端正、稳定的感觉。同时，人物头发与树枝延伸的方向形成引导线，吸引观者目光向文字移动，从而有利于传递文字信息，向观者展现诗句内容与其中蕴含的内涵。整体画面色调较为沉闷，营造了庄重、古典、深沉的气氛，如图6-35和图6-36所示。

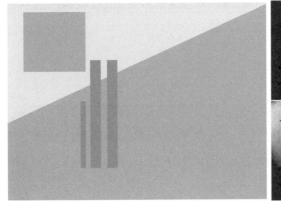
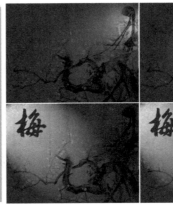
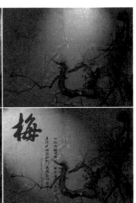

图6-35   图6-36

操作思路

本案例讲解了在Premiere Pro中使用"光照效果"模拟制作真实灯光效果，并创建关键帧动画模拟制作灯光位置晃动的效果。

操作步骤

❶ 在菜单栏中执行"文件"|"新建"|"项目"命令，在弹出的"新建项目"对话框中设置"名称"，单击"浏览"按钮，设置保存路径，单击"确定"按钮，如图6-37所示。

❷ 在"项目"面板空白处单击鼠标右键，执行"新建项目"|"序列"命令。在弹出的"新建序列"对话框中，选择"DV-PAL"文件夹下的"标准48kHz"，单击"确定"按钮，如图6-38所示。

❸ 在"项目"面板空白处双击鼠标左键，在弹出的"导入"对话框中选择"01.png""02.png"和"背景.jpg"素材文件，单击"打开"按钮，如图6-39所示。

④ 选择"项目"面板中的"背景.jpg""01.png"和"02.png"素材文件，按住鼠标左键将其拖曳到
V1、V2和V3轨道上，如图6-40所示。

图6-37

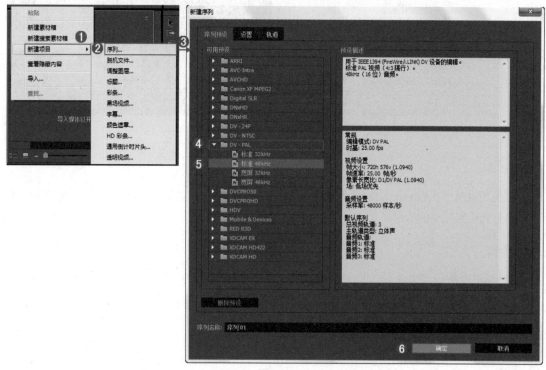

图6-38

图6-39

图6-40

⑤ 选择V1轨道上的"背景.jpg"素材文件，在"效果控件"面板中展开"运动"效果，设置"位置"为（292.0,288.0），"缩放"为74.0，如图6-41所示。

（358.0,254.0），"缩放"为60.0，"混合模式"为"点光"。将时间轴滑动到初始位置处，设置"不透明度"为0。将时间轴滑动到20帧位置处，设置"不透明度"为100.0%，如图6-42所示。

图6-41

⑥ 选择V2轨道上的"01.png"素材文件，在"效果控件"面板中展开"运动"效果，设置"位置"为

图6-42

7 选择V3轨道上的"02.png"素材文件，在"效果控件"面板中展开"运动"效果，设置"位置"为（262.1,332.1）。将时间轴滑动到20帧位置处，单击"缩放"前面的 ◎（切换动画）按钮，创建关键帧，设置"缩放"为0。将时间轴滑动到1秒16帧位置处，设置"缩放"为67.0，如图6-43所示。

图6-43

8 选择V1轨道上的"背景.jpg"素材文件，在"效果"面板中搜索"光照效果"，按住鼠标左键将其拖曳到"背景.jpg"素材文件上，如图6-44所示。

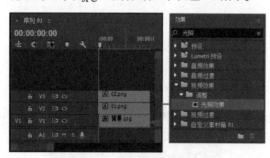

图6-44

9 选择V1轨道上的"背景.jpg"素材文件，在"效果控件"面板中展开"光照效果"，设置"光照类型"为"点光源"，"主要半径"为30.0，"次要半径"为20.0，"强度"为18.0，如图6-45所示。

10 将时间轴滑动到初始位置处，单击"中央""角度"和"聚焦"前面的 ◎（切换动画）按钮，创建关键帧，设置"中央"为（909.0,378.0），"角度"为332.0°，"聚焦"为-6.0。将时间轴滑动到20帧位置处，设置"中

央"为（602.0,378.0），"角度"为219.0°，"聚焦"为59.0，如图6-46所示。

图6-45

图6-46

11 滑动时间轴，此时的画面效果如图6-47所示。

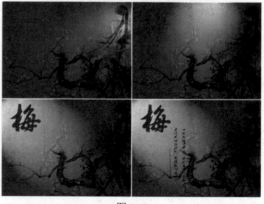

图6-47

6.2.3 实例：怀旧老照片动画特效

案例类型：

本案例是怀旧老照片合成设计作品，如图6-48所示。

图6-48

项目诉求：

本案例是通过对照片的叠加与色调的运用打造怀旧风格，营造回忆、怀念的气氛，呈现富含年代感的怀旧风格作品。叠加的照片间色调统一、协调，结合照片边缘的缺口与表面痕迹，增添了岁月的气息，给人以复古、怀念的视觉感受，具有较强的视觉感染力，可以触及观者的内心。

设计定位：

本案例将照片素材铺满画面，具有直观、强烈的视觉冲击力，使观者清晰地接收到作品所要表达的内容。在照片叠加的过程中，两张照片形成的重合效果将空间连接，产生奇异、独特的视觉效果。

卡其黄色作为主色调，呈现昏沉、朦胧的视觉效果，营造复古、回忆的气氛，打造怀旧、追忆的画面风格，具有极强的感染力，引发观者的情感共鸣，如图6-49所示。

图6-49

主色：

卡其黄色作为画面主色调，色彩纯度较低，呈现昏沉、朦胧的视觉效果；同时由于其具有暖色调的特点，因此给人以温暖、安心的感觉。通过整体深黄色色调的使用，赋予作品时间沉淀感，增添岁月气息，带来复古、怀念的视觉感受。

辅助色：

本案例使用了明度较低的黄褐色作为辅助色，它与卡其黄色形成不同明度的同类色搭配，丰富了画面的层次感；通过画面明暗、角度的不同，增添立体感，使景色更具表现力。黄褐色与卡其黄色色调统一、和谐，使画面色彩搭配更加自然。

版面构图

本案例采用倾斜式的构图方式，呈现灵活、自由的视觉效果。通过将背景照片铺满画面带来的直观的视觉冲击力吸引观者注意力。统一的暗色调色彩展现复古、内敛的风格，使怀旧、回忆的主题更加鲜明地展现。通过将照片素材进行倾斜式摆放，引导观者视线跟随照片方向变化，使画面构图更具自由感，活跃了画面安静、沉寂的气氛，如图6-50和图6-51所示。

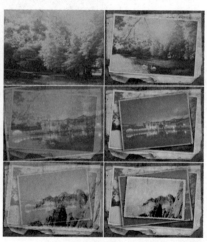

图6-50   图6-51

操作思路

本案例讲解了在Premiere Pro中使用"效果控件"面板设置"缩放"和"不透明度"参数。

操作步骤

❶ 在菜单栏中执行"文件"|"新建"|"项目"命令，在弹出的"新建项目"对话框中设置"名称"，单击"浏览"按钮，设置保存路径，单击"确定"按钮，如图6-52所示。

❷ 在"项目"面板空白处单击鼠标右键，执行"新建项目"|"序列"命令。在弹出的"新建序列"对话框中，选择"DV-PAL"文件夹下的"标准48kHz"，单击"确定"按钮，如图6-53所示。

❸ 在"项目"面板空白处双击鼠标左键，在弹出的"导入"对话框中选择"01.png""02.png"和"背景.jpg"素材文件，单击"打开"按钮，如图6-54所示。

❹ 选择"项目"面板中的"背景.jpg""01.png"和"02.png"素材文件，按住鼠标左键将其拖曳到V1、V2和V3轨道上，如图6-55所示。

图6-52

图6-53

5 选择V1轨道上的"背景.jpg"素材文件，将时间轴滑动到初始位置处，在"效果控件"面板中单击"缩放"和"不透明度"前面的 （切换动画）按钮，创建关键帧，设置"缩放"为230.0，"不透明度"为0。将时间轴滑动到1秒05帧位置处，设置"缩放"为79.0，"不透明度"为100.0%，如图6-56所示。

图6-54

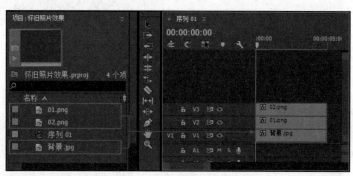

图6-55

图6-56

100.0%，如图6-57所示。

图6-57

⑥ 选择V2轨道上的"01.png"素材文件，将时间轴滑动到1秒05帧位置处，在"效果控件"面板中单击"缩放"和"不透明度"前面的 ⬢（切换动画）按钮，创建关键帧，设置"缩放"为170.0，"不透明度"为0。将时间轴滑动到2秒10帧位置处，设置"缩放"为79.0，"不透明度"为

⑦ 选择V3轨道上的"02.png"素材文件，将时间轴滑动到2秒10帧位置处，在"效果控件"面板中单击"缩放"和"不透明度"前面的 ⬢（切换动画）按钮，创建关键帧，设置"缩放"为180.0，"不透明度"为0。将时间轴滑动到3秒

20帧位置处，设置"缩放"为79.0，"不透明度"为100.0%，如图6-58所示。

图6-58

8 滑动时间轴，此时的画面效果如图6-59所示。

图6-59

6.2.4 实例：闹元宵动画特效

案例类型：

本案例是元宵节主题文字缩放动画效果设计作品，如图6-60所示。

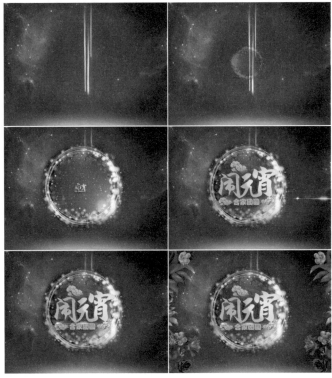

图6-60

项目诉求：

本案例是以元宵节为主题，打造具有节日气氛的动画效果，呈现喜庆、幸福、温馨的视觉效果。通过星空背景与炫光圆环的装饰，给人以闪耀、炫目的感觉，吸引观者目光，从而引导观者视线向中心的文字集中，突出作品主题，具有较强的视觉表现力与感染力。

设计定位：

本案例画面中浩瀚的星空背景与逐渐清晰的炫光圆环呈现科幻、闪耀的视觉效果，具有较强的视觉吸引力，引导观者目光移至画面中央逐渐扩大的节日主题文字上，突出作品主题；同时鲜艳、明媚的色彩使画面氛围更加鲜活，能够增强节日气氛与点燃观者情绪。

配色方案

深蓝色色彩明度较低，易让观者产生深邃、寂静、神秘的联想。午夜蓝背景与金黄色以及威尼斯红色等暖色进行搭配，形成鲜明的冷暖对比，带来极强的视觉刺激，如图6-61所示。

图6-61

主色：

低明度的深蓝色作为主色调，打造出深邃、安静的画面氛围。深蓝色的背景色的大面积使用，使画面呈现高端、大气、稳定的视觉效果；同时背景中星光点点的设计，使其更具细节感，强化了画面的视觉美感，增添了梦幻、浪漫的气息。

辅助色：

本案例使用了纯度较高的威尼斯红与金黄色作为辅助色，色彩饱满、鲜艳，与深蓝色背景形成鲜明的冷暖对比，带来强烈的视觉冲击力；同时暖色调的类似色搭配点燃了画面氛围，给人留下火热、激动、喜庆的印象。

点缀色：

紫色、碧蓝色作为点缀色形成同类色对比，丰富了画面色彩，提升了画面的视觉吸引力；同时紫色与碧蓝色两种冷色调色彩的运用减轻了画面冷暖对比带来的视觉刺激，给人带来绚丽、炫目的视觉感受，形成丰富、鲜活、极具感染力的画面效果。

版面构图

本案例采用对称式的构图方式，通过两侧花卉装饰形成稳定、均衡的画面构图，给人以平稳、简约的视觉感受；同时两侧装饰具有聚拢视线的作用，使观者目光向中央主题文字集中，可以更好地传递作品信息，便于观者了解作品内容。炫光圆环、渐变星空背景等装饰呈现耀眼、鲜活的效果，烘托了节日气氛，激发了观者情绪，给人以幸福、喜悦、兴奋的感觉，如图6-62和图6-63所示。

操作思路

本案例讲解了在Premiere Pro中使用关键帧动画制作动画背景，并合成闹元宵文字素材，完成作品制作。

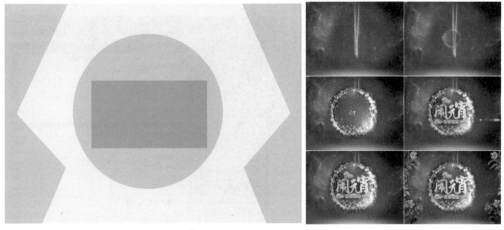

图6-62   图6-63

操作步骤

1 在菜单栏中执行"文件"|"新建"|"项目"命令，在弹出的"新建项目"对话框中设置"名称"，单击"浏览"按钮，设置保存路径，单击"确定"按钮，如图6-64所示。

图6-64

2 在"项目"面板空白处单击鼠标右键，执行"新建项目"|"序列"命令。在弹出的"新建序列"对话框中，选择"DV-PAL"文件夹下的"标准48kHz"，单击"确定"按钮，如图6-65所示。

3 在"项目"面板空白处双击鼠标左键，在弹出的"导入"对话框中选择"01.png""02.png""03.png""04.png""05.png"和"背景.jpg"素材文件，单击"打开"按钮，如图6-66所示。

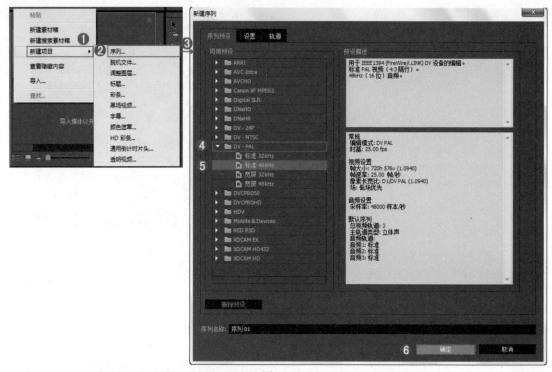

图6-65

图6-66

④ 选择"项目"面板中的素材文件，按住鼠标左键将其拖曳到轨道上，如图6-67所示。

图6-67

⑤ 选择V1轨道上的"背景.jpg"素材文件，在"效果控件"面板中展开"运动"效果，设置"缩放"为105.0，如图6-68所示。

图6-68

⑥ 选择V2轨道上的"01.png"素材文件，将时间轴滑动到初始位置处，在"效果控件"面板中单击"缩放""旋转"和"不透明度"前面的 （切换动画）按钮，创建关键帧，设置"缩放"为0，"旋转"为0，"不透明度"为0。将时间轴滑动到1秒20帧位置处，设置"缩放"为100.0，"旋转"为1x0.0°，"不透明度"为100.0%，如图6-69所示。此时的画面效果如图6-70所示。

⑦ 选择V3轨道上的"03.png"素材文件，将时间轴滑动到1秒20帧位置处，在"效果控件"面板中单击"缩放"前面的 （切换动画）按钮，创建关键帧，设置"缩放"为0。将时间轴滑动到2秒15帧位置处，设置"缩放"为100.0，如图6-71所示。此时的画面效果如图6-72所示。

图6-69

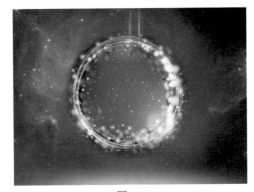

图6-70

图6-71

图6-72

⑧ 选择V4轨道上的"02.png"素材文件，将时间轴滑动到2秒15帧位置处，在"效果控件"面板中单击"位置"前面的 （切换动画）按钮，创建关键帧，设置"位置"为（838.0,288.0）。将时间轴滑动到3秒05帧位置处，设置"位置"为（333.0,288.0），设置"混合模式"为"变亮"，如图6-73所示。

图6-73

⑨ 选择V5轨道上的"04.png"素材文件，在"效果控件"面板中设置"缩放"为105.0。将时间轴滑动到3秒05帧位置处，单击"位置"前面的 ⏱ （切换动画）按钮，创建关键帧，设置"位置"为（235.0,288.0）。将时间轴滑动到4秒位置处，设置"位置"为（379.7,287.4），设置"混合模式"为"强光"，如图6-74所示。此时的画面效果如图6-75所示。

图6-74

图6-75

⑩ 选择V6轨道上的"05.png"素材文件，在"效果控件"面板中设置"缩放"为104.0。将时间轴滑动到3秒15帧位置处，单击"位置"前面的 ⏱ （切换动画）按钮，创建关键帧，设置"位置"为（472.0,288.0）。将时间轴滑动到4秒位置处，设置"位置"为（332.0,288.0），设置"混合模式"为"强光"，如图6-76所示。此时的画面效果如图6-77所示。

图6-76

图6-77

⑪ 此时本案例制作完成。滑动时间轴，画面效果如图6-78所示。

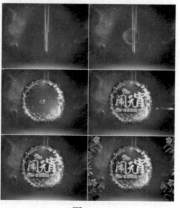

图6-78

6.2.5 实例：情人节动态海报特效

案例类型：

本案例是情人节主题海报的展示效果设计，如图6-79所示。

图6-79

项目诉求：

本案例是通过玫瑰、百合、风信子等花朵的装饰的添加以及温柔、优雅的卷叶纹的装饰，体现情人节主题，带来浪漫、雅致的视觉效果。中央立体的主题文字字号较大，具有较强的视觉吸引力。使用珊瑚粉色、鲜红色、白色等色彩进行搭配，打造出火热、明快的画面效果，展现雅致、浪漫的情人节海报风格。

设计定位：

本案例文字位于画面中央，具有较强的视觉冲击力，使情人节海报主题清晰地展现。同时，通过上方的玫瑰花瓣与后方的百合等象征性元素展现爱情、浪漫的气息，具有较强的视觉感染力。

配色方案

珊瑚粉色与番茄红色的搭配展现浪漫、优雅的画面风格，使情人节主题更加鲜明，具有较强的视觉吸引力。同时，珊瑚粉色、番茄红色与中绿色形成鲜明的互补色对比，带给人强烈的视觉刺激，如图6-80所示。

图6-80

主色：

珊瑚粉色作为海报背景色，在画面中占据较大面积，作为画面的主色，奠定画面时尚、浪漫的基调，呼应情人节的主题。同时，粉色调色彩带来娇媚、秀雅的视觉效果，使画面更具时尚、秀丽的风格。

辅助色：

本案例使用高纯度的番茄红色作为辅助色，与珊瑚粉色背景形成同类色对比，增强了画面色彩的层次感。同时，饱满、鲜艳的番茄红色，点燃观者内心，带来火热、热情、明媚的视觉感受，并与鲜活的中绿色形成鲜明的互补色对比，带给人强烈的视觉刺激。

点缀色：

白色与紫色作为点缀色，丰富了画面色彩，使整体画面更加绚丽多彩。同时，白色与紫色的点缀增添了清爽、梦幻的气息，降低了画面的视觉温度，减轻了画面的视觉刺激，带来更加舒适、自然的视觉体验。

版面构图

本案例采用重心型的构图方式，将玫瑰花瓣、百合花束、主题文字以及卷叶纹等元素垂直放置，并将主体文字置于画面中央位置，利用视觉焦点的吸引力使观者的目光向主题文字集中，从而快速传递海报信息。同时，重心型的构图方式带来平衡、稳定的视觉效果，给人以规整、端正的感觉。珊瑚粉色与番茄红色等高纯度暖色调色彩的运用，营造火热、浪漫、时尚的画面氛围，增强了画面的视觉吸引力与感染力，如图6-81和图6-82所示。

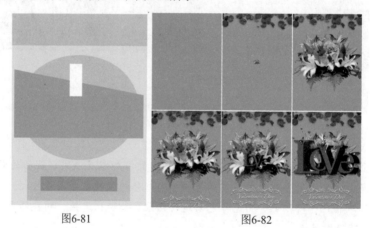

图6-81   图6-82

操作思路

本案例讲解了在Premiere Pro中使用关键帧动画制作情人节海报效果中的合成部分。

操作步骤

1. 导入素材

❶ 在菜单栏中执行"文件"|"新建"|"项目"命令，在弹出的"新建项目"对话框中设置"名称"，单击"浏览"按钮，设置保存路径，单击"确定"按钮，如图6-83所示。

❷ 在"项目"面板空白处双击鼠标左键，在弹出的"导入"对话框中选择"01.png""02.png""03.png""04.png""05.png"和"背景.jpg"素材文件，单击"打开"按钮，如图6-84所示。

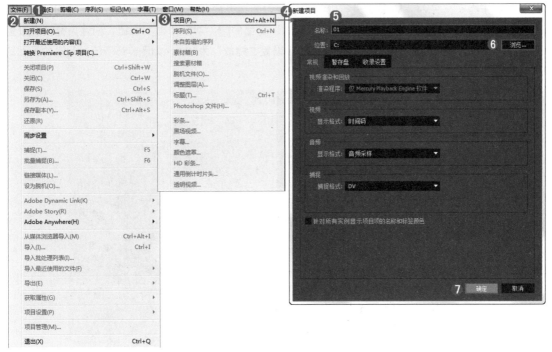

图6-83

图6-84

③ 选择"项目"面板中的素材文件，按住鼠标左键将其拖曳到轨道上，如图6-85所示。

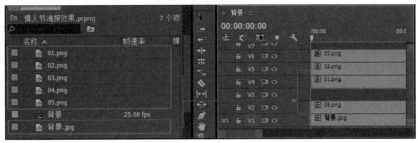

图6-85

④ 为了便于操作，将V4～V6轨道进行隐藏。选择V2轨道上的"05.png"素材文件，将时间轴滑动到
10帧位置处，在"效果控件"面板中单击"缩放"前面的 （切换动画）按钮，创建关键帧，设置
"缩放"为0。将时间轴滑动到1秒05帧位置处，设置"缩放"为20.0，如图6-86所示。此时的画面效
果如图6-87所示。

图6-86   图6-87

2. 文字部分

① 在菜单栏中执行"字幕"|"新建字幕"|"默认静态字幕"命令，在弹出的"新建字幕"对话框中
设置"名称"，单击"确定"按钮，如图6-88所示。

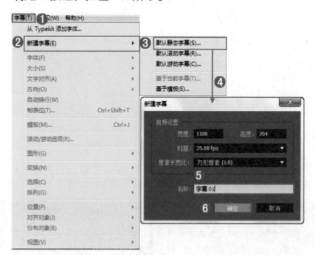

图6-88

② 在工具栏中单击 🔳（文字工具）按钮，在"工作区域"分别输入L、O、e和V，如图6-89所示。

③ 选择"工作区域"中的"L"，设置"字体系列"为"Century751 SeBd BT"，设置"字体大小"
为306.0，"颜色"为红色，单击"外描边"后面的"添加"，设置"类型"为"深度"，"大小"
为46.0，"角度"为6.0°，"颜色"为深红色，选中"阴影"复选框，如图6-90所示。

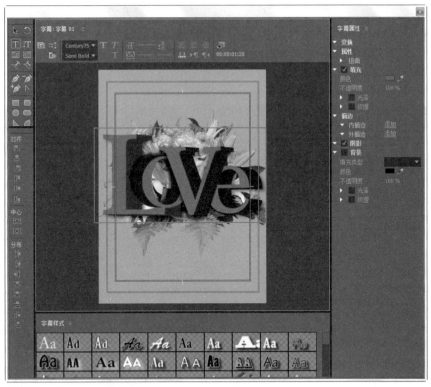

图6-89

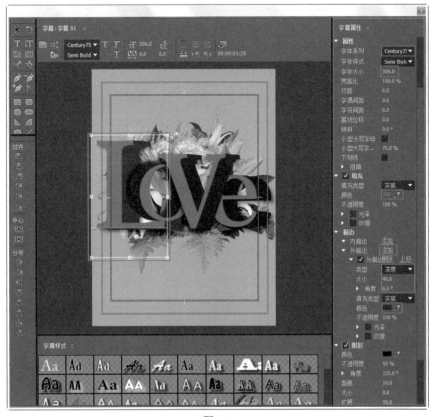

图6-90

❹ 选择"工作区域"中的"O",设置"旋转"为176.0°,"字体系列"为"Century751 SeBd BT",设置"字体大小"为193.0,"颜色"为红色,单击"外描边"后面的"添加",设置"类型"为"深度","大小"为46.0,"角度"为6.0°,"颜色"为深红色,选中"阴影"复选框,如图6-91所示。

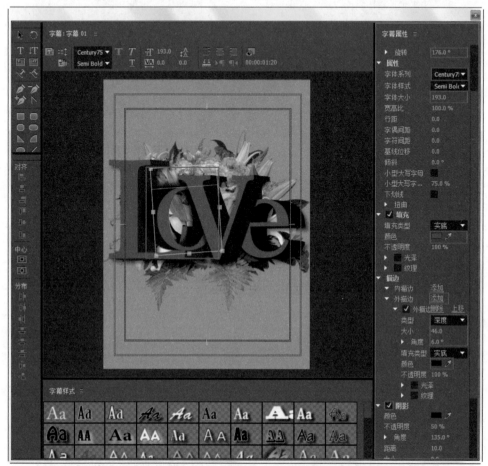

图6-91

❺ 选择"工作区域"中的"V",设置"字体系列"为"Century751 SeBd BT",设置"字体大小"为259.0,"颜色"为红色,单击"外描边"后面的"添加",设置"类型"为"深度","大小"为46.0,"角度"为6.0°,"颜色"为深红色,选中"阴影"复选框,设置"角度"为-151.0°,如图6-92所示。

❻ 选择"工作区域"中的"e",设置"字体系列"为"Century751 SeBd BT",设置"字体大小"为262.0,"颜色"为红色,单击"外描边"后面的"添加",设置"类型"为"深度","大小"为46.0,"角度"为6.0°,"颜色"为深红色,选中"阴影"复选框,设置"角度"为135.0°,如图6-93所示。

❼ 关闭字幕窗口。选择"项目"面板中的"字幕01",按住鼠标左键将其拖曳到V3轨道上,如图6-94所示。

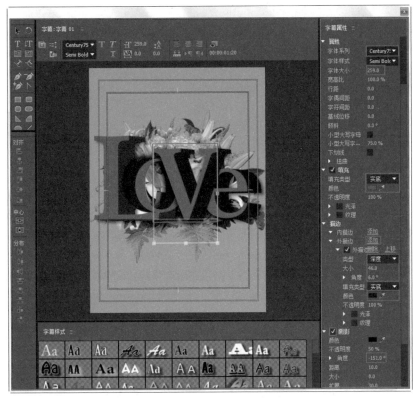

图6-92

图6-93

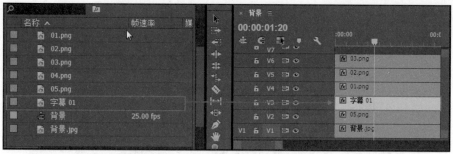

图6-94

3. 动画部分

❶ 选择V3轨道上的"字幕01"素材文件,将时间轴滑动到1秒20帧位置处,在"效果控件"面板中单击"缩放"前面的 ◙ (切换动画)按钮,创建关键帧,设置"位置"为(236.5,332.0),"缩放"为0。将时间轴滑动到2秒10帧位置处,设置"缩放"为100.0,如图6-95所示。

图6-95

❷ 显现并选择V4轨道上的"01.png"素材文件,将时间轴滑动到初始位置处,在"效果控件"面板中单击"位置"前面的 ◙ (切换动画)按钮,创建关键帧,设置"位置"为(236.0,113.0)。将时间轴滑动到10帧位置处,设置"位置"为(236.5,224.0),设置"缩放"为19.0,如图6-96所示。此时的画面效果如图6-97所示。

❸ 显现并选择V5轨道上的"02.png"素材文件,设置"位置"为(152.5,128.0),"缩放"为20.0。将时间轴滑动到2秒10帧位置处,在

"效果控件"面板中单击"不透明度"前面的 ◙ (切换动画)按钮,创建关键帧,设置"不透明度"为0。将时间轴滑动到2秒15帧位置处,设置"不透明度"为100.0%,如图6-98所示。此时的画面效果如图6-99所示。

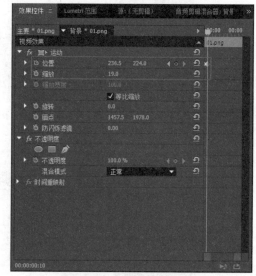

图6-96

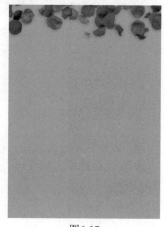

图6-97

图6-98

图6-100

图6-99

图6-101

④ 显现并选择V6轨道上的"03.png"素材文件，设置"缩放"为22.0。将时间轴滑动到1秒05帧位置处，在"效果控件"面板中单击"位置"前面的 （切换动画）按钮，创建关键帧，设置"位置"为（236.5,717.0）。将时间轴滑动到1秒20帧位置处，设置"位置"为（236.5,564.0），如图6-100所示。此时的画面效果如图6-101所示。

⑤ 在"效果"面板中搜索"投影"效果，按住鼠标左键将其拖曳到"03.png"素材文件上，如图6-102所示。

⑥ 在"效果控件"面板中展开"投影"效果，设置"方向"为178.0°，"距离"为12.0，"柔和度"为30.0，如图6-103所示。

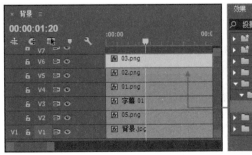

图6-102

167

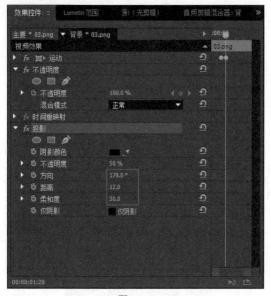

图6-103

7 此时本案例制作完成。滑动时间轴，画面效果如图6-104所示。

图6-104

6.2.6 实例：天使动画效果

设计思路

案例类型：

本案例是天使主题海报动画效果设计作品，如图6-105所示。

图6-105

项目诉求：

本案例是通过层叠的云层与明亮的光芒衬托天使形象，并使用浅色调与冷色调搭配的方式打造神圣、纯净无瑕的画面效果，给人以梦幻、纯净、唯美的视觉感受。画面文字采用不同的字号，呈现层次分明、规整有序的视觉效果，不仅使作品信息能够清晰地传达，而且使天使形象更加立体、生动。

设计定位：

本案例将图像铺满画面，形成强烈的视觉冲击力，使天使形象更加生动、真实。文字字号与色彩的不同形成主次分明的效果，提升了文字内容的可读性。

配色方案

天蓝色、白色、桔梗紫色等色彩组合在一起，呈现冷色调的画面效果，打造出梦幻、空灵、浪漫的画面氛围，给人留下唯美、清冷的视觉印象，如图6-106所示。

图6-106

主色：

白色与天蓝色搭配，使画面呈冷色调，令人产生清凉、安静的联想。画面中白色的云朵与蓝色的天空在光的照射下更显纯净无瑕，给人以圣洁、温柔的感觉，带来安静、惬意的视觉体验。

辅助色：

用纯度较高、明度较低的桔梗紫色作为辅助色，与明亮、无瑕的白色云朵以及天蓝色天空形成明暗对比，为云层添加阴影，丰富了云层的层次，使云朵更加立体，令人产生柔软、细腻的触感的联想。

点缀色：

画面使用浅黄褐色作为点缀色，暖色调的浅黄褐色作为人物皮肤的色彩进行使用，与冷色调的背景色形成强烈的冷暖对比，增强了画面的视觉冲击力。同时，暖色调色彩的运用给画面注入了温暖的气息，营造了温馨、幸福、治愈的气氛，与作品的主题风格相适应。

版面构图

本案例采用变化式的构图方式，文字位于画面左侧，与右侧的人物形象形成相对均衡的状态，从而呈现平衡、稳定的画面效果，强化了安静、轻快的画面气氛。背景中云层与光芒等元素使画面具有通透、清爽的特点，为观者留下想象的空间。文字字号大小分明，便于观者阅读并了解作品内容，如图6-107和图6-108所示。

图6-107

图6-108

操作思路

本案例讲解了在Premiere Pro中使用"超级键"效果抠除人物背景，并合成背景制作奇幻天使效果。

操作步骤

1. 抠像合成部分

❶ 在菜单栏中执行"文件"|"新建"|"项目"命令，在弹出的"新建项目"对话框中设置"名称"，单击"浏览"按钮，设置保存路径，单击"确定"按钮，如图6-109所示。

图6-109

❷ 在"项目"面板空白处双击鼠标左键，在弹出的"导入"对话框中选择"01.jpg" "02.png" "03.png" "04.png" "05.png" "06.png"和"背景.jpg"素材文件，单击"打开"按钮，如图6-110所示。

图6-110

❸ 选择"项目"面板中的素材文件，按住鼠标左键将其拖曳到轨道上，如图6-111所示。

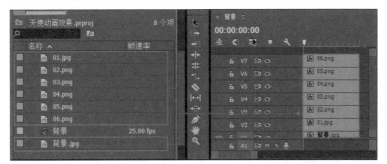

图6-111

④ 选择V2轨道上的"01.jpg"素材文件，在"效果"面板中搜索"超级键"效果，按住鼠标左键将其拖曳到"01.jpg"素材文件上，如图6-112所示。

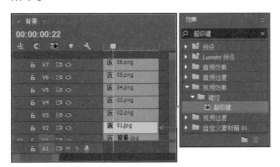

图6-112

⑤ 在"效果控件"面板中展开"超级键"效果，单击"主要颜色"后面的 █（吸管），在"节目"监视器中吸取绿色，设置"抑制"为50.0，如图6-113所示。此时的画面效果如图6-114所示。

图6-113

图6-114

⑥ 此时的合成效果如图6-115所示。

图6-115

2. 动画部分

① 选择V2轨道上的"01.jpg"素材文件，将时间轴滑动到初始位置处，在"效果控件"面板中单击"缩放"和"不透明度"前面的 █（切换动画）按钮，创建关键帧，设置"缩放"为0，"不透明度"为0。将时间轴滑动到1秒位置处，设置"缩放"为100.0，"不透明度"为100.0%，如图6-116所示。此时的画面效果如图6-117所示。

② 选择V3轨道上的"02.png"素材文件，将时间轴滑动到1秒05帧位置处，在"效果控件"面板中单击"不透明度"前面的 █（切换动画）

按钮，创建关键帧，设置"不透明度"为0。将
时间轴滑动到2秒位置处，设置"不透明度"为
100.0%，"混合模式"为叠加，如图6-118所示。
此时的画面效果如图6-119所示。

图6-116

图6-117

图6-118

图6-119

③ 选择V4轨道上的"03.png"素材文件，将时
间轴滑动到2秒位置处，在"效果控件"面板中
单击"位置"前面的 🖾（切换动画）按钮，创
建关键帧，设置"位置"为（-578.0,400.0）。
将时间轴滑动到3秒位置处，设置"位置"为
（640.0,400.0），如图6-120所示。此时的画面
效果如图6-121所示。

图6-120

图6-121

④ 选择V5轨道上的"04.png"素材文件，将时
间轴滑动到3秒10帧位置处，在"效果控件"面

板中单击"缩放"前面的 ⏱（切换动画）按钮，创建关键帧，设置"缩放"为0。将时间轴滑动到3秒20帧位置处，设置"缩放"为100.0，如图6-122所示。此时的画面效果如图6-123所示。

图6-126所示。此时的画面效果如图6-127所示。

图6-122

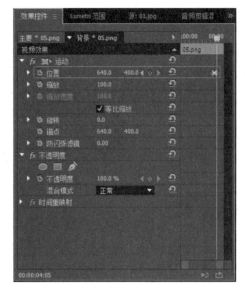

图6-124

图6-125

图6-123

⑤ 选择V6轨道上的"05.png"素材文件，将时间轴滑动到3秒20帧位置处，在"效果控件"面板中单击"位置"前面的 ⏱（切换动画）按钮，创建关键帧，设置"位置"为（640.0,747.0）。将时间轴滑动到4秒05帧位置处，设置"位置"为（640.0,400.0），如图6-124所示。此时的画面效果如图6-125所示。

⑥ 选择V7轨道上的"06.png"素材文件，将时间轴滑动到4秒05帧位置处，在"效果控件"面板中单击"缩放"和"旋转"前面的 ⏱（切换动画）按钮，创建关键帧，设置"缩放"为0，"旋转"为0。将时间轴滑动到4秒20帧位置处，设置"缩放"为100.0，"旋转"为1x0.0°，如

图6-126

图6-127

图6-128

7 此时本案例制作完成。滑动时间轴，画面效果如图6-128所示。

6.2.7 实例：照片合成效果

设计思路

案例类型：

本案例是照片合成效果展示作品，如图6-129所示。

图6-129

项目诉求：

本案例是通过将风景素材添加到空白相纸上进行合成，形成真实、统一的效果。照片通过弧线进行连接，引导观者视线依次查看照片。背景墙墙面的划痕与粗糙的质感丰富了画面的细节感；两侧的爬藤植物与下方座椅处的花束以及郁金香形成呼应，赋予画面生命气息，给人清新、鲜活、生机盎然的视觉感受。

设计定位：

本案例通过多种线条，如地砖、踢脚线以及晾衣绳等，将画面进行分割，形成简约、利落、清晰的画面构图。风景照片悬挂于上方，通过晾衣绳这条弧线引导观者视线由左及右依次欣赏照片，给人层次分明、条理清晰的感觉。同时，照片中鲜艳的色彩与背景中纯度色彩间形成对比，使照片更加突出、醒目。

配色方案

低纯度的米白色色彩柔和、细腻，呈现温柔、治愈、温馨的视觉效果；通过墙面凹凸不平的粗糙质感以及划痕等打造陈旧感，增添安静、怀念的气息，如图6-130所示。

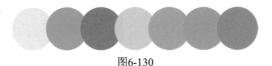

图6-130

主色：

米白色作为作品的主色，色彩轻柔、简约，作为背景色大面积使用，带来的视觉刺激较弱，给人以自然、朴实、舒适的视觉体验，在灰色的修饰下增添时间的痕迹，令人产生回忆、怀念的感觉。

辅助色：

苹果绿色广泛存在于自然界中，作为最常见的植物色彩，常带来清新、盎然、富含生机的印象。本案例使用高纯度的苹果绿色作为辅助色，在米白色背景的衬托下更显鲜艳、醒目，使画面洋溢着鲜活的生命气息，营造了清新、静谧的环境氛围。

点缀色：

一方面，鲜黄色、深红橙色、紫色、蓝色等色彩在风景照片中出现，作为整体画面的点缀色，使色彩更加丰富、绚丽；另一方面，多种色彩展现出不同风景的美感，通过暖色调与冷色调的不同，带来清冷、浪漫与苍凉、炽热等不同的感受，提升了作品的视觉吸引力。

版面构图

本案例使用相对对称的构图方式，左、右两侧角落的爬藤植物相互呼应，使画面构图更加平衡、稳定。照片呈弧形摆放，并置于画面的三分线上方，具有较强的引导性与吸引力，更好地向观者展现具有不同美感的景致。色彩柔和的背景与照片间形成纯度对比，使照片更显绚丽夺目，吸引观者兴趣，具有较强的视觉感染力，如图6-131和图6-132所示。

图6-131　　　　　　　　　　　　图6-132

操作思路

本案例讲解了在Premiere Pro中使用"效果控件"面板修改素材的基本属性，如位移、缩放、旋转等。

操作步骤

❶ 在菜单栏中执行"文件"|"新建"|"项目"命令,在弹出的"新建项目"对话框中设置"名称",单击"浏览"按钮,设置保存路径,单击"确定"按钮,如图6-133所示。

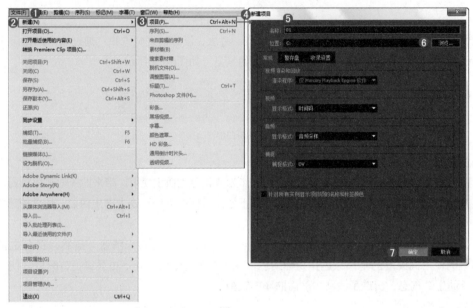

图6-133

❷ 在"项目"面板空白处单击鼠标右键,执行"新建项目"|"序列"命令。在弹出的"新建序列"对话框中,选择"DV-PAL"文件夹下的"标准48kHz",单击"确定"按钮,如图6-134所示。

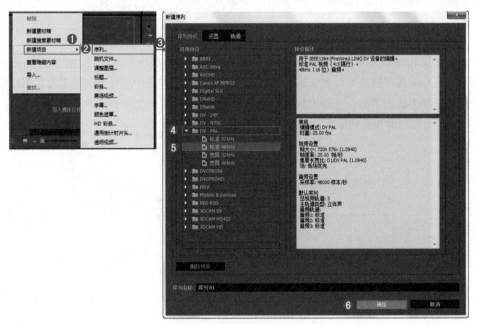

图6-134

❸ 在"项目"面板空白处双击鼠标左键,在弹出的"导入"对话框中选择"01.jpg""02.jpg"和"背景.jpg"素材文件,单击"打开"按钮,如图6-135所示。

图6-135

④ 选择"项目"面板中的"背景.jpg"素材文件，按住鼠标左键将其拖曳到V1轨道上，如图6-136所示。

图6-136

⑤ 选择V1轨道上的"背景.jpg"素材文件，在"效果控件"面板中展开"运动"效果，设置"位置"为（351.0,288.0），"缩放"为86.0，如图6-137所示。

图6-137

⑥ 选择"项目"面板中的"01.jpg"和"02.jpg"素材文件，按住鼠标左键依次将其拖曳到V2和V3轨道上，如图6-138所示。

⑦ 选择V2轨道上的"01.jpg"素材文件，在"效果控件"面板中展开"运动"效果，设置"位置"为（553.0,188.0），"缩放"为17.0，"旋转"为-11.0°，如图6-139所示。

8 选择V3轨道上的"02.jpg"素材文件，在"效果控件"面板中展开"运动"效果，设置"位置"为（658.0，141.0），"缩放"为18.0，"旋转"为-22.0°，如图6-140所示。

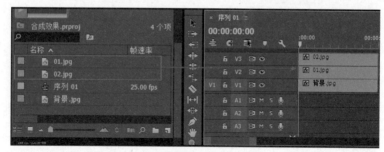

图6-138

图6-139　　　　　　　　　　图6-140

9 滑动时间轴，此时的画面效果如图6-141所示。

图6-141

6.2.8 实例：彩色三色光

设计思路

案例类型：

　　本案例是彩色三色光光照效果设计作品，如图6-142所示。

图6-142

项目诉求：

　　本案例使用"光照效果"制作画面的彩色光效果。通过彩色光形成绚丽多彩的滤镜效果，具有较强的视觉吸引力与视觉冲击力。丰富、浓郁的色彩使人物面部神态的表达更加鲜活，给人带来开怀、惬意的情绪体验。

设计定位：

　　本案例采用满版型的构图，将人像放大填满整个画面，通过彩色光的叠加提升人物表情的表现力，增强画面的视觉刺激性。左、右两侧画面不同的色彩形成对比的同时，丰富了画面色彩，呈现个性、鲜活、时尚的视觉效果。

配色方案

　　粉色、草莓红与湖青色、蓝紫色间形成鲜明的冷暖对比，同时高纯度的色彩具有较强的视觉吸引力，极具视觉刺激性，如图6-143所示。

图6-143

主色：

　　粉色与蓝紫色在画面中所占比例较大，作为画面的主色，两种色彩鲜艳、饱满，形成华丽、时尚、明媚的视觉效果，打造出个性、时尚的风格。

辅助色：

　　本案例使用高纯度的湖青色作为辅助色，色彩鲜艳、饱满，给人以清爽、通透的感觉。同时，湖青色的明度较高，提升了画面的亮度，与人物面部区域形成鲜明的明暗对比，丰富了画面色彩的层次感。

点缀色：

　　草莓红在画面中作为点缀色使用，与粉色形成邻近色搭配，为观者带来娇艳、明媚、活泼的视觉感受，提升了画面的视觉感染力，给人留下鲜活、明快的印象。

版面构图

　　本案例采用三角形构图方式，将主体人物置于画面中央位置，形成画面的视觉重心，使观者视线集中至人物面部，更好地传递作品的情绪表达。草莓红、粉色、蓝紫色与湖青色等色彩纯度较高，色彩较为饱满、艳丽，形成彩色炫光滤镜，表现出时尚、个性的风格，带来极强的视觉刺激，如图6-144和图6-145所示。

图6-144　　　　　　　　　　　图6-145

操作思路

　　本案例使用"光照效果"效果制作画面的彩色光效果。

操作步骤

❶ 在菜单栏中执行"文件"|"新建"|"项目"命令，新建一个项目。执行"文件"|"新建"|"序列"命令。执行"文件"|"导入"|"文件"命令，在弹出的"导入"对话框中导入所需的"01.jpg"素材文件，单击"打开"按钮，如图6-146所示。

图6-146

❷ 在"项目"面板中选择"01.mp4"素材文件，按住鼠标左键将其拖曳到"时间轴"面板中的V1轨道上，如图6-147所示。

图6-147

❸ 此时的画面效果如图6-148所示。

图6-148

❹ 将时间线滑动至16秒12帧位置处，在"时间轴"面板中单击V1轨道上的"01.mp4"素材文件，使用Ctrl+K组合键进行裁切，如图6-149所示。

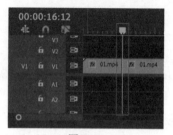

图6-149

❺ 在"时间轴"面板中单击V1轨道上时间线后面的"01.mp4"素材文件，按Delete键进行删除，如图6-150所示。

图6-150

6 在"效果"面板中搜索"光照效果",将该效果拖曳到"时间轴"面板中V1轨道上的"01.mp4"素材文件上,如图6-151所示。

图6-151

7 在"时间轴"面板中选择V1轨道上的"01.mp4"素材文件;在"效果控件"面板中展开"光照效果"|"光照1",设置"光照颜色"为玫红色,"中央"为(533.6,500.0),"角度"为230.0°,"强度"为90.0,"聚集"为40.0,如图6-152所示。

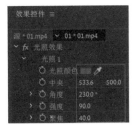

图6-152

8 展开"光照2",设置"光照类型"为点光源,"光照颜色"为蓝绿色,"中央"为(1707.5,500.0),"角度"为330.0°,如图6-153所示。

图6-153

9 滑动时间线,此时的画面效果如图6-154所示。

图6-154

10 展开"光照3",设置"光照类型"为点光源,"光照颜色"为蓝色,"中央"为(2134.4,1000.0),"角度"为2x60.0°,如图6-155所示。

图6-155

11 展开"光照4",设置"光照类型"为点光源,"光照颜色"为蓝色,"中央"为(816.4,1392.0)。设置"环境光照强度"为25.0,"表面光泽"为30.0,"曝光"为20.0,如图6-156所示。

图6-156

12 此时本案例制作完成。滑动时间线,画面效果如图6-157所示。

图6-157

6.2.9 实例：跳舞变速特效

案例类型：

本案例是舞蹈变速特效制作作品，如图6-158所示。

图6-158

项目诉求：

本案例通过对"时间重映射"命令的使用，创建关键帧并调整速率，从而制作出舞蹈变速效果。通过对视频播放速度的改变，使舞者的动作与音乐节奏相吻合。镜头移动间改变地面与视觉焦点的位置，使画面具有较强的节奏感与韵律感。画面采用青色作为主色调，形成文艺、清爽的画面效果，给人以轻快、惬意的视觉感受。

设计定位：

本案例通过画面播放速度的改变实现视频与音乐节拍的卡点，具有较强的节奏感，给人以鲜活、自由的感觉。引导线式的构图方式强化了画面的视觉空间感，带来通透、自由、舒展的视觉感受，为观者留下惬意、清爽的印象。

配色方案

浅青色、青色与墨青色等色彩间形成纯度层次的变化，统一了画面的色调，使整体画面呈现朦胧的青色调，形成安静、文艺、清爽的视觉效果，如图6-159所示。

图6-159

主色：

画面中建筑、马路、天空等不同区域采用纯度与明度不同的青色，使画面形成不同的分区，带来规整、协调、一目了然的感觉。青色间形成同类色对比，使整体画面色调更为协调、自然，营造自然、清爽、安静的环境氛围。

辅助色：

本案例使用明度较高的浅青色作为辅助色，与周围空间形成鲜明的明暗对比，具有较强的视觉吸引力，将观者目光吸引至舞者身上。同时，浅青色与整体色调较为统一，提升了画面的色彩表现力，避免了色彩间的冲突。

点缀色：

本案例中大量使用青色调色彩，使整体画面色彩倾向于清爽、安静的冷色调。暖色调的人物皮肤为画面增添了温暖的气息，使用灰粉色作为画面点缀色，与整体的青色调画面形成冷暖对比，在增强画面的视觉冲击力的同时，使观者目光集中至舞者身上，更好地表现舞蹈节奏的变化。

版面构图

本案例采用引导线式的构图方式，将地面、建筑与公路等作为分割线把画面分割为不同的四个部分，人物位于这四个部分的交点位置，具有较强的视觉吸引力。同时，延伸的线条具有引导的作用，使观者视线向右侧移动，形成向里的视角延伸，提升画面的空间感。结合青色调的运用，赋予画面清凉、自然的气息，给人以清爽、惬意、舒适的感觉，如图6-160和图6-161所示。

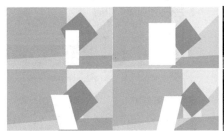

图6-160　　　　　　　　　　　　　图6-161

操作思路

本案例使用"时间重映射"命令，创建关键帧并调整速率，从而调整画面制作变速效果。

操作步骤

❶ 在菜单栏中执行"文件"|"新建"|"项目"命令，新建一个项目。执行"文件"|"新建"|"序列"命令，在弹出的"新建序列"对话框中单击"设置"按钮，设置"编辑模式"为"ARRI Cinema"，"时基"为30.00帧/秒，"帧大小"为1920.0，"水平"为1080.0，"像素长宽比"为方形像素（1.0），单击"确定"按钮。执行"文件"|"导入"命令，在"导入"对话框中选择"1.mp4""配乐.mp3"素材文件，单击"打开"按钮，如图6-162所示。

❷ 在"项目"面板中选择"1.mp4"素材文件，按住鼠标左键将其拖曳到"时间轴"面板中的V1轨道上。在弹出的"剪辑不匹配警告"对话框中单击"保持现有设置"按钮，如图6-163所示。

❸ 滑动时间线，此时的画面效果如图6-164所示。

❹ 在"时间轴"面板中右键单击V1轨道上的"1.mp4"素材文件，在弹出的快捷菜单中执行

"显示剪辑关键帧"|"时间重映射"|"速度"命令，如图6-165所示。

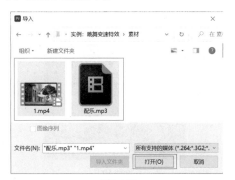

图6-162

图6-163

图6-164

图6-165

5 在 "时间轴" 面板中双击V 1轨道上的 "1.mp4" 素材文件,此时 "1.mp4" 素材文件已被放大,如图6-166所示。

图6-166

6 将时间线滑动至2秒位置处,单击 "添加关键帧" 按钮或按住Ctrl键的同时单击 "时间轴" 面板中的 "1.mp4" 素材文件的速率线,如图6-167所示。

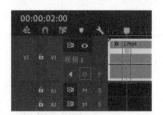

图6-167

7 将时间线滑动至12秒位置处,单击 "添加关键帧" 按钮或按住Ctrl键的同时单击 "时间轴" 面板中的 "1.mp4" 素材文件的速率线,如图6-168所示。

8 在 "时间轴" 面板中单击2秒与12秒中间的速率线并向上拖曳到速度为400.00%,如图6-169所示。

9 滑动时间线,此时的画面效果如图6-170所示。

10 在 "项目" 面板中将 "配乐.mp3" 素材文件拖曳到 "时间轴" 面板中的A1轨道上,如图6-171所示。

图6-168

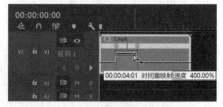

图6-169

图6-170

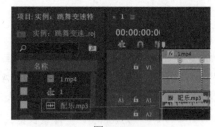

图6-171

11 此时本案例制作完成。滑动时间线,画面效果如图6-172所示。

图6-172

第**7**章

影视栏目包装设计

· 本章概述 ·

　　包装，一般是指对产品进行包装。影视栏目包装则是对影视节目、栏目、频道的整体形象进行的外在的形式要素的规范和强化。这些外在的形式要素包括声音（语言、音响、音乐、音效等）、图像（固定画面、活动画面、动画）、颜色等，已成为电视台和各电视节目公司、广告公司最常用的概念之一。除此之外，电视台本身也需要进行包装设计，包括呼号、导视、宣传、预告等，都属于影视包装设计中的一类。本章主要从影视栏目包装的定义、影视栏目包装的要素、影视栏目包装的形式、影视栏目包装的审美理念以及影视栏目包装的原则等方面介绍影视栏目包装设计。

影视栏目包装概述

影视栏目包装与其他产品包装相似，都是为了使观众在视觉享受中了解其产品。对于一档节目来讲，影视包装不仅仅是外在的点缀与装饰，更是一种深层理念的表达与阐述。影视栏目包装对于节目、栏目，或是电视台的形象能起到画龙点睛的作用，引人注目的电视画面与极具感染力的音效可以迅速吸引观众注意力，产生超乎想象的效果。

7.1.1 什么是影视栏目包装

影视栏目包装是各大电视台、影视节目公司以及广告公司最常用的概念之一。影视栏目包装是什么？简单来讲，我们收看的各种综艺节目开播前的宣传、节目预告、下期预告、演职员表、字幕、特效、花体字等，都属于影视栏目包装的范畴。影视栏目包装具有突出节目、栏目、频道个性的特点，确立并提升观众识别能力，确定栏目品牌地位的作用。通过包装，可以使节目、栏目或频道更加赏心悦目，从而获得观众的喜爱，如图7-1所示。

图7-1

7.1.2 影视栏目包装的要素

如今观众每天要面对的是几十个电视台和电视频道、几十种类型的节目和栏目，各电视台、各频道、各栏目之间竞争激烈，怎样使自己的电视节目从众多同类节目中脱颖而出便成为巨大难题。观众既有主动选择权，又有较大的盲目性与被动性。在这种情况下，栏目包装所起的作用便不言而喻。常见的影视栏目包装的要素有以下几种。

1.形象标识

无论是电视节目、栏目还是频道、综艺节目，都需要有一个形象设计，也就是最基本的形象标志，也是构成影视栏目包装的要素之一。电视频道的形象标识多展现在屏幕左上角、宣传片以及节目结尾落幅上，这样可以使观众快速分辨节目、频道、电视台的类型与主题。形象标识播放的频率、影响力、冲击力不可忽视，可以起到推广与强化节目的作用，因此增强了节目的统一性与整体性。在影视栏目包装中，应将形象标识的设计与制作作为重点进行考量。标识设计的基本要求是醒目简洁、特点突出，有些专业频道或节目也会体现地方特色与专业特色，如图7-2所示。

图7-2

2.颜色

根据频道、栏目、节目的定位，可以确定包装的主色调。颜色设计是影视栏目包装设计的基本要素之一。它的基本要求是色彩协调、鲜明，与整体栏目、节目或者频道的基调、风格相吻合。例如，文艺性的频道与栏目多为暖色调，色彩柔和温暖；而综艺性的节目则以鲜明、鲜艳的颜色为主，呈现时尚、外放、朝气的特点，如图7-3所示。

图7-3

3.声音

声音包括语言、音乐、音响、音效等诸多元素，在影视栏目包装中起到重要作用。影视栏目包装中，音乐与形象设计、色彩应协调搭配，形成一个整体，使观众无须看到画面就能知晓频道与栏目，为观众带来亲切感。

7.1.3 影视栏目包装的形式

虽然电视节目、栏目、频道包装有多少种形式没有统一的说法，但总体来讲，应包括以下一些形式。

1.以形象标志为主的频道标志的位置设置和出现方式的设计

角标作为栏目的形象标识，不仅具有装饰点缀的作用，同时也是打造栏目品牌与形象、供观众识别的重要手段。形象标志多出现在电视屏幕的左上角，并在频道中滚动使用，起到推广与强化频道的作用。不同节目会根据定位与风格进行形象标识的设计，突出频道特色。角标既可以是动态的，也可以是静态的，如图7-4所示。

图7-4

2.栏目形象宣传片

栏目包装涵盖栏目形象宣传片头、间隔片花、片尾、角标等多种要素。栏目形象宣传片应着力于推介栏目定位与风格特性。在栏目形象宣传片的创意与制作过程中，需要在有限的时间内传达出栏目的定位、内容、目标受众等众多信息，如图7-5所示。这些形象宣传片可分为以下两类。

（1）抽象的频道宣传片：以口号的形式呈现，在没有具体台名的同时，宣传了节目或频道的理念与形象。

（2）具体的形象宣传片：一是以音乐、画面、声音为支撑的、具体的频道与电视台的呼号宣传片；二是电视片主持人、栏目片头构成的频道宣传片；三是由报道内容与画面进行结合制作的频道宣传片，例如新闻报道。

图7-5

3.栏目片头

栏目片头是栏目形象包装推广的延续，是栏目形象宣传片的浓缩，是栏目定位、内容、风格、主题的直接反映，如图7-6所示。

4.栏目间隔片花

栏目间隔片花常以三维或二维动画的形式呈现，一般为3~5秒的片头浓缩剪辑内容，主要用来突出栏目名称与标识等信息。一方面，间隔片花能起到控制节目内容的节奏、段落的作用；另一方面，片花的使用可以为商业广告与控制频道播放时长提供便利，如图7-7所示。

图7-6

图7-7

5.栏目片尾

栏目片尾的重要作用在于传递栏目制作人员、出品单位等信息以及宣告版权归属，同时为广告资源、广告商提供空间。栏目片尾通常会出现广告赞助商、企业、产品标识等。

7.1.4 影视栏目包装的审美理念

影视栏目包装的审美理念总体上强调两点：一是要突出栏目、节目、频道的意境基调；二是注重画面的形式美构图。

意境基调：意境是围绕着频道、栏目主题展开的，需要观众参与其中的关于画面的情感、联想与暗示的反映。在强调作品意境的同时，还要注意对作品基调的把握，提升栏目、节目的亮点与品位，如图7-8所示。

图7-8

形式美（视觉美感）：运用形式美法则可以创造出更好的栏目、作品，使影视栏目包装设计更具活力与艺术美感，如图7-9所示。

图7-9

7.1.5 影视栏目包装的原则

影视栏目包装原则是根据影视栏目包装设计的本质、特征、目的所提出的根本性、指导性的准则和观点。其主要包括：统一性原则、规范性原则、渐变性原则、超前性原则、特色性原则。

统一性原则：影视栏目、电视节目、频道包装一定要遵循统一性原则。其包括整体形象设计的统一，声音、形象、色彩等的相对统一，代表全台形象的标志、声音、定位、风格等的统一。在把握统一性原则的基础上，各频道可以根据特点与定位来突出自己的特色，如图7-10所示。

图7-10

规范性原则：各频道、电视台、节目、栏目的各个方面、细节都要有规范、具体、细致的要求，要有必须执行规范的强制性手段，以及制定和推行规范的机构与强制实施的部门。

渐变性原则：注重新技术手段的同时采用新旧更替并行的方式，使观众有一个认可并接受的过程。

超前性原则：影视栏目的包装应了解影视发展规律，充分认识与掌握最新的影视手段，保持理念的更新与创新，了解设计理念与技术手段的前沿式趋势。

特色性原则：不同栏目有各自的定位和特色；只有突出本频道的特色，才能在众多的节目中脱颖而出。

随着技术的日益成熟和完善，作为艺术与技术完美结合的典范，影视栏目包装设计本身的艺术性在不断进步。传统的艺术形式和新艺术形式交融并存的"数字化时代"，对各种影视栏目片头包装设计艺术的思考也必然是不拘一格的，片头艺术的数字媒体艺术本性和视觉艺术性要紧密结合，勇于开拓创新。

 7.2 影视栏目包装设计实战

7.2.1 实例：绿色地球节目预告包装设计

设计思路

案例类型：

本案例是栏目片头包装展示设计项目，如图7-11所示。

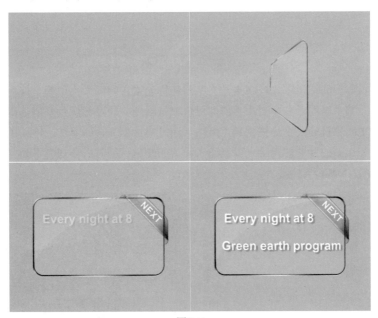

图7-11

项目诉求：

本案例是一个以环保为主题的节目片头设计，通过色彩与文字信息的展现向观者传递节目目的，意在传递环保理念，呼吁大众建立环保意识。通过文字的传达直接展示栏目主题，并且能够传递出节目的内涵。

设计定位：

本案例以文字内容为主，通过各种装饰物丰富画面。选择绿色背景可以给人以自然、惬意、安心的视觉感受，同时也展现节目的定位与风格。选择规整、方正的字体作为画面的主体元素，使作品主题直观地展现。

配色方案

炭灰色与白色的色彩倾向不会太过鲜明，体现出简洁、利落的色彩属性，与作为主色调的绿色搭配在一起，使活力与沉静形成均衡的融合，让画面展现出鲜活、富有生机的视觉效果，如图7-12所示。

图7-12

主色：

绿色具有较强的生机感，常带有生命、和平、环保的象征意义。将绿色作为主色调使用，可以直观地表现出该节目的特点；同时绿色具有较好地缓解视觉疲劳的作用，可以为观众带来视觉上的舒适感。

辅助色：

本案例使用炭灰色作为辅助色，其色彩明度较低，在增强画面的视觉重量感的同时还具有严谨、庄重、深邃的视觉特征，从中也体现出该节目内容具有较强的专业性与严谨性。

点缀色：

白色作为文字的色彩使用，其明度较高，同时偏冷的色调增添清凉的气息，使文字更加醒目突出。

版面构图

本案例采用重心型的构图方式，将主体文字与装饰元素在画面中央位置呈现，具有较强的视觉冲击力与吸引力。整个画面以富含层次感的油绿色背景展现，通过饱满色彩的使用，带来鲜活、蓬勃的生命力。在中间位置的文字是视觉焦点所在，通过对话框元素的添加，给人以交流、互动的感觉，增强了观者与作品的互动性，给人以充满亲和力的感觉；同时引导观者目光向中央集中，将信息直接传达，如图7-13和图7-14所示。

图7-13 图7-14

操作思路

本案例使用"颜色遮罩"命令创建纯色图层，使用"黑白"与"混合模式"效果制作画面背景，并使用"基本3D"制作画面翻转效果，创建文字并制作文字效果。

操作步骤

1 在菜单栏中执行"文件"|"新建"|"项目"命令，新建一个项目。执行"文件"|"新建"|"序列"命令。在"新建序列"对话框中单击"设置"按钮，设置"编辑模式"为"自定义"，"时基"为25.00帧/秒，"帧大小"为720.0，"水平"为576.0，"像素长宽比"为方形像素（1.0），单击"确定"按钮。执行"文件"|"导入"命令，在弹出的"导入"对话框中导入所需的"01.png""02.mp4"素材文件，单击"打开"按钮，如图7-15所示。

图7-15

2 在"项目"面板中选择"02.mp4"素材文件，按住鼠标左键将其拖曳到"时间轴"面板中的V1轨道上。在弹出的"剪辑不匹配警告"面板中单击"保持现有设置"按钮，如图7-16所示。

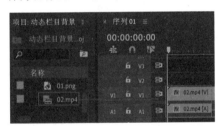

图7-16

3 滑动时间线，此时的画面效果如图7-17所示。

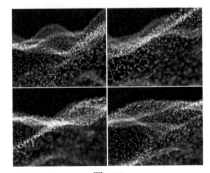

图7-17

4 在"时间轴"面板中在按住Alt键的同时单击A1轨道上的"02.mp4"素材文件，按Delete键进行删除，如图7-18所示。

图7-18

5 将时间线滑动至5秒位置处，在"时间轴"面板中单击V1轨道上的"02.mp4"素材文件，使用Ctrl+K组合键进行裁切，如图7-19所示。

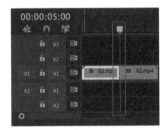

图7-19

6 在"时间轴"面板中单击V1轨道上的时间线后面的"02.mp4"素材文件，按Delete键进行删除，如图7-20所示。

图7-20

7 在"时间轴"面板中选择V1轨道上的"02.mp4"素材文件，在"效果控件"面板中展开"不透明度"，设置"不透明度"为15.0%，如图7-21所示。

图7-21

❽ 在"效果"面板中搜索"黑白",将该效果拖曳到"时间轴"面板中的V1轨道上的"02.mp4"素材文件上,如图7-22所示。

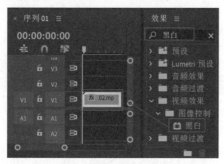

图7-22

❾ 右键单击"项目"面板中的空白位置处,在弹出的快捷菜单中执行"新建项目"|"颜色遮罩"命令,如图7-23所示。

图7-23

❿ 在"新建颜色遮罩"面板中单击"确定"按钮。在"拾色器"面板(见图7-24)中设置为绿色,单击"确定"按钮。在"选择名称"面板中单击"确定"按钮。

图7-24

⓫ 在"项目"面板中将"颜色遮罩"拖曳到"时间轴"面板中的V2轨道上,如图7-25所示。
⓬ 在"时间轴"面板中选择V2轨道上的"颜色遮罩",在"效果控件"面板中展开"不透明"

度",设置"混合模式"为线性减淡(添加),如图7-26所示。

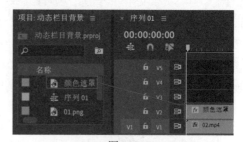

图7-25

图7-26

⓭ 滑动时间线,此时的画面效果如图7-27所示。

图7-27

⓮ 在"项目"面板中将"01.png"素材文件拖曳到"时间轴"面板中的V3轨道上,如图7-28所示。

图7-28

⓯ 将时间线滑动到起始帧位置处,选择V3轨道上的"01.png"素材文件,在"效果控件"面板中展开"运动""不透明度",单击"缩放"前

面的（切换动画）按钮，创建关键帧，设置"缩放"为0.0，"不透明度"为0，如图7-29所示。将时间线滑动到1秒位置处，设置"缩放"为100.0，"不透明度"为100.0%。

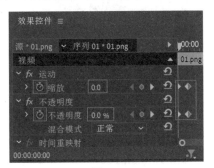

图7-29

⑯ 在"效果"面板中搜索"基本3D"，将该效果拖曳到"时间轴"面板中的V3轨道上的"01.png"素材文件上，如图7-30所示。

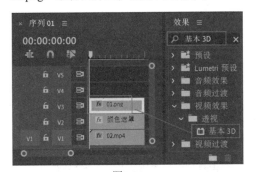

图7-30

⑰ 将时间线滑动到起始帧位置处，选择V3轨道上的"01.png"素材文件，在"效果控件"面板中展开"基本3D"，单击"旋转"前面的（切换动画）按钮，创建关键帧，设置"旋转"为-90.0°，如图7-31所示。将时间线滑动到1秒位置处，设置"旋转"为1x0.0°。

图7-31

⑱ 将时间线滑动至起始时间位置处，在"工具箱"中单击（文字工具）按钮，在"节目监视器"面板中合适的位置处单击并输入合适的文字，如图7-32所示。

图7-32

⑲ 在"时间轴"面板中选择V4轨道上的Every night at 8，在"效果控件"面板中展开"文本（Every night at 8）"|"源文本"，设置合适的"字体系列"和"字体样式"，设置"字体大小"为48，"对齐方式"为（左对齐），设置"填充"为白色，选中"阴影"复选框，展开"变换"，设置"位置"为（133.1,234.0），如图7-33所示。

图7-33

⑳ 将时间线滑动至1秒位置处，选择V4轨道上的文字图层，在"效果控件"面板中展开"不透明度"，单击"不透明度"前面的（切换动画）按钮，创建关键帧，设置"不透明度"为0，如图7-34所示。将时间线滑动到2秒位置处，设置"不透明度"为100.0%。

㉑ 滑动时间线，此时的画面效果如图7-35所示。

㉒ 将时间线滑动至起始时间位置处，在"工具

箱"中单击 **T**（文字工具）按钮，在"节目监视
器"面板中合适的位置单击并输入合适的文字，
如图7-36所示。

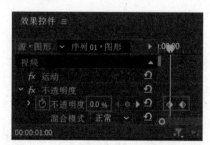

图7-34

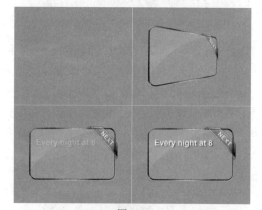

图7-35

图7-36

23 在"时间轴"面板中选择V5轨道上的Green
earth program，在"效果控件"面板中展开"文
本（Green earth program）"|"源文本"，设置
合适的"字体系列"和"字体样式"，设置"字
体大小"为48，"对齐方式"为▇（左对齐），
"填充"为白色，选中"阴影"复选框。展开
"变换"，设置"位置"为（161.1,339.9），如
图7-37所示。

图7-37

24 将时间线滑动至2秒位置处，选择V5轨道上的
文字图层，在"效果控件"面板中展开"不透明
度"，单击"不透明度"，设置"不透明度"为
0，如图7-38所示。将时间线滑动到3秒位置处，
设置"不透明度"为100.0%。

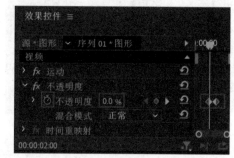

图7-38

25 此时本案例制作完成。滑动时间线，画面效
果如图7-39所示。

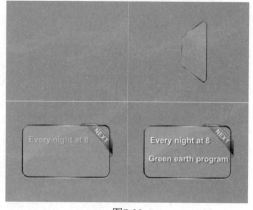

图7-39

7.2.2 实例：传统文化栏目包装设计

案例类型：

本案例是传统文化节目的栏目包装设计项目，如图7-40所示。

图7-40

项目诉求：

本案例是以"听风"为主题的传统文化节目的相关栏目包装设计。通过水墨晕染效果以及毛笔字体的选择，意在展现该节目的古风质感以及古典与传统文化意蕴，使整体画面呈现古色古香的韵味，给人以典雅、大气的感觉。作品设计结合整体色调，带给观者华美、意味深长的独特印象。

设计定位：

本案例采用以文字为主、图像为辅的画面构图方式。在最后的画面中的文字定格，为节目进行铺垫。选择高山、村落的景象作为中场转换，赋予画面悠远、壮阔的内涵，切合节目主题的同时使两段文字间构成转换，但同时未破坏整体气氛。作为主体内容的文字在将作品主题清晰表达的同时，与主题风格形成呼应，整体画面和谐统一，极具吸引力。

配色方案

黑、白、灰三种色彩作为无彩色，不具有任何的颜色倾向，因此三种颜色的搭配形成内敛、安静、沉寂的氛围，从而打造出古典、端庄的画面效果，具有较强的说服力，如图7-41所示。

图7-41

主色：

灰色作为黑、白两色的中间色，与黑色的深沉、白色的亮眼相比，它更具有安静、平衡的特点。将灰色作为画面背景色进行使用，奠定了画面的整体色调，呈现优雅、端庄、安静的视觉效果。

辅助色：

本案例使用了明度最低的黑色作为辅助色。与浅灰色背景相比，黑色的水墨晕染元素呈现轻盈、浮动的效果，给人以空灵、古典的感觉，同时极为醒目、突出。

点缀色：

黑色与灰色的搭配，使整体画面色调极为和谐、统一。将白色作为文字色彩进行使用，提升了文字明度，使观者目光向文字转移；同时在深色背景元素的衬托下文字更加突出，具有较强的吸引力，使文字信息更好地传递。

版面构图

本案例采用重心型的构图方式，将主体文字与水墨元素在画面中央呈现，具有较强的视觉冲击力。灰色渐变背景与山川村落背景的切换使画面更显大气，允满中式内涵。中间位置的主体义字"听风"与"水墨丹青"是视觉焦点所在；同时经过晕染的墨痕的点缀，赋予文字生命力，给人以书写、泼墨的感觉，使节目给观者留下打造传统、中式内涵的良好印象，如图7-42和图7-43所示。

图7-42　　　　　　　　　　图7-43

操作思路

本案例使用"颜色遮罩"命令创建纯色图层，使用"黑白"效果制作画面背景，并使用"渐变""Brightness & Contrast""黑白""高斯模糊""中间值（旧版）""线性擦除"制作画面的水墨效果，创建文字并使用"波形变形"制作文字效果。

操作步骤

❶ 在菜单栏中执行"文件"|"新建"|"项目"命令，新建一个项目。执行"文件"|"新建"|"序列"命令。在"新建序列"对话框中单击"设置"按钮，设置"编辑模式"为"自定义"，"时基"为25.00帧/秒，"帧大小"为1024，"水平"为768，"像素长宽比"为方形像素（1.0），单击"确定"按钮。 执行"文件"|"导入"命令，导入全部素材，单击"打开"按钮，如图7-44所示。

图7-44

❷ 右键单击"项目"面板中的空白位置处，在弹出的快捷菜单中执行"新建项目"|"颜色遮罩"命令，如图7-45所示。

图7-45

❸ 在"新建颜色遮罩"面板中单击"确定"按钮。在"拾色器"面板中设置为黑色，单击"确定"按钮，如图7-46所示。在"选择名称"面板中设置"选择新遮罩的名称"为颜色遮罩，单击"确定"按钮，拖曳到"时间轴"面板中的V1轨道中。

❹ 此时的画面效果如图7-47所示。

❺ 在"时间轴"面板中设置背景图层的结束时间为10秒，如图7-48所示。

图7-46

图7-47

图7-48

❻ 在"效果"面板中搜索"渐变"，将该效果拖曳到"时间轴"面板中的V1轨道上的背景图层上，如图7-49所示。

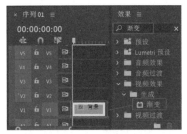

图7-49

❼ 在"时间轴"面板中选择V1轨道上的背景图层，在"效果控件"面板中展开"渐变"，设置"渐变起点"为（512.0,384.0），"起始颜色"为白色，"渐变终点"为（512.0,1200.0），"结束颜色"为灰色，"渐变形状"为径向渐

变，如图7-50所示。

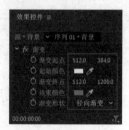

图7-50

8 将时间线滑动至起始时间位置处，在"工具箱"中单击 **T** （文字工具）按钮，在"节目监视器"面板中合适的位置单击并输入合适的文字，如图7-51所示。

图7-51

9 在"时间轴"面板中选择V2轨道上的听风，在"效果控件"面板中展开"文本"|"源文本"，设置合适的"字体系列"和"字体样式"，设置"字体大小"为200，"对齐方式"为 ■ （左对齐），"填充"为黑色，选中"阴影"复选框。展开"变换"，设置"位置"为（308.8,444.7），如图7-52所示。

图7-52

10 设置"时间轴"面板中的V2轨道上的听风文字图层的结束时间为1秒16帧，如图7-53所示。

11 在"项目"面板中将"风景01.jpg"素材文件

拖曳到"时间轴"面板中的1秒16帧位置处，如图7-54所示。

图7-53

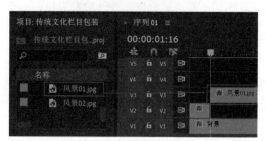

图7-54

12 在"时间轴"面板中将"风景01.jpg"素材文件的时间线滑动到6秒01帧位置处，如图7-55所示。

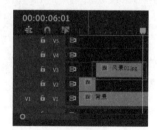

图7-55

13 将时间线滑动到1秒16帧位置处，选择V3轨道上的"风景01.jpg"素材文件，在"效果控件"面板中展开"运动"和"缩放"，单击"缩放"前面的 ◎ （切换动画）按钮，创建关键帧，设置"缩放"为150.0，如图7-56所示。将时间线滑动到2秒14帧位置处，设置"缩放"为100.0。

图7-56

14 在"效果"面板中搜索"Brightness & Contrast"

效果，将该效果拖曳到"时间轴"面板中的V3
轨道上的"风景01.jpg"素材文件上，如图7-57
所示。

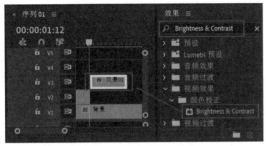

图7-57

⓯ 在"时间轴"面板中选择V3轨道上的"风
景01.jpg"图层，在"效果控件"面板中展开
"Brightness & Contrast"，设置"亮度"为
13.0，"对比度"为12.0，如图7-58所示。

图7-58

⓰ 滑动时间线，此时的画面效果如图7-59所示。

图7-59

⓱ 在"效果"面板中搜索"黑白"效果，将该
效果拖曳到"时间轴"面板中的V3轨道上的
"风景01.jpg"素材文件上，如图7-60所示。
⓲ 在"效果"面板中搜索"高斯模糊"效果，
将该效果拖曳到"时间轴"面板中的V3轨道上
的"风景01.jpg"素材文件上，如图7-61所示。

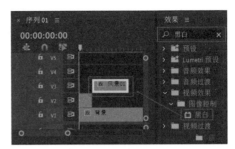

图7-60

图7-61

⓳ 在"时间轴"面板中选择V3轨道上的"风景
01.jpg"图层，在"效果控件"面板中展开"高
斯模糊"，设置"模糊度"为1.0，如图7-62
所示。

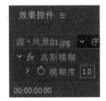

图7-62

⓴ 在"效果"面板中搜索"中间值（旧版）"
效果，将该效果拖曳到"时间轴"面板中的V3
轨道上的"风景01.jpg"素材文件上，如图7-63
所示。

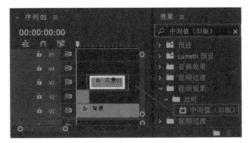

图7-63

㉑ 在"时间轴"面板中选择V3轨道上的"风景
01.jpg"图层，在"效果控件"面板中展开"中

间值（旧版）"，设置"半径"为2，如图7-64
所示。

图7-64

㉒ 滑动时间线，此时的画面效果如图7-65所示。

图7-65

㉓ 在"项目"面板中将"印章.png"素材文件拖
曳到"时间轴"面板中的V4轨道的1秒16帧位置
处，将"印章.png"素材文件图层的结束时间线
滑动到6秒01帧位置处，如图7-66所示。

图7-66

㉔ 将时间线滑动到1秒16帧位置处，选择V4
轨道上的"印章.png"素材文件，在"效果控
件"面板中展开"运动""缩放"，单击"缩
放"前面的 ⏱ （切换动画）按钮，创建关键
帧，设置"缩放"为110.0，如图7-67所示。将
时间线滑动到2秒16帧位置处，设置"位置"为
（929.0,448.0），"缩放"为60.0。

㉕ 在"项目"面板中将"水墨.wmv"素材文件
拖曳到"时间轴"面板中的V5轨道上，如图7-68
所示。

图7-67

图7-68

㉖ 在"时间轴"面板中右键单击V5轨道上的
"水墨.wmv"素材文件，执行"速度/持续时
间"命令，如图7-69所示。

图7-69

㉗ 在弹出的"剪辑速度/持续时间"面板中设
置"速度"为1084%，单击"确定"按钮，如
图7-70所示。

图7-70

㉘ 在"时间轴"面板中选择V5轨道上的"水
墨.wmv"素材文件，在"效果控件"面板中展开
"运动"，设置"位置"为（505.0,318.0），

"缩放"为219.0，"旋转"为37.0°,如图7-71所示。

图7-71

㉙ 将时间线滑动到1秒15帧位置处，选择V5轨道上的"水墨.wmv"素材文件，在"效果控件"面板中展开"不透明度"，单击"不透明度"前面的 ◎（切换动画）按钮，创建关键帧，设置"不透明度"为100.0%，"混合模式"为相减，如图7-72所示。将时间线滑动到2秒位置处，设置"不透明度"为0。

图7-72

㉚ 滑动时间线，此时的画面效果如图7-73所示。

图7-73

㉛ 在"项目"面板中将"风景02.jpg"素材文件拖曳到"时间轴"面板中的V6轨道上的4秒位置处，设置"风景02.jpg"素材文件图层的结束时间为8秒，如图7-74所示。

㉜ 在"效果"面板中搜索"Brightness & Contrast"效果，将该效果拖曳到"时间轴"面板中的V6轨道上的"风景02.jpg"素材文件上，如图7-75所示。

图7-74

图7-75

㉝ 在"时间轴"面板中选择V6轨道上的"风景02.jpg"图层，在"效果控件"面板中展开"Brightness & Contrast"，设置"亮度"为-10.0，"对比度"为30.0，如图7-76所示。

图7-76

㉞ 在"效果"面板中搜索"黑白"效果，将该效果拖曳到"时间轴"面板中的V6轨道上的"风景02.jpg"素材文件上，如图7-77所示。

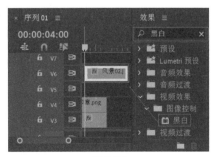

图7-77

35 在"效果"面板中搜索"高斯模糊"效果，将该效果拖曳到"时间轴"面板中的V6轨道上的"风景02.jpg"素材文件上，如图7-78所示。

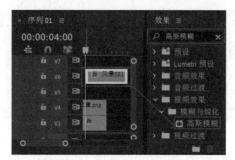

图7-78

36 在"时间轴"面板中选择V6轨道上的"风景02.jpg"图层，在"效果控件"面板中展开"高斯模糊"，设置"模糊度"为3.0，如图7-79所示。

图7-79

37 滑动时间线，此时的画面效果如图7-80所示。

图7-80

38 在"效果"面板中搜索"中间值（旧版）"效果，将该效果拖曳到"时间轴"面板中的V6轨道上的"风景02.jpg"素材文件上，如图7-81所示。

39 在"时间轴"面板中选择V6轨道上的"风景02.jpg"图层，在"效果控件"面板中展开"中间值（旧版）"，设置"半径"为3，如图7-82所示。

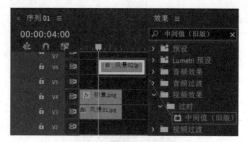

图7-81

图7-82

40 在"效果"面板中搜索"线性擦除"效果，将该效果拖曳到"时间轴"面板中的V6轨道上的"风景02.jpg"素材文件上，如图7-83所示。

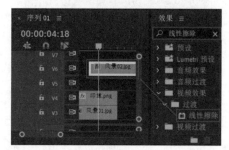

图7-83

41 将时间线滑动到4秒位置处，选择V6轨道上的"风景02.jpg"素材文件，在"效果控件"面板中展开"线性擦除"，单击"过渡完成"前面的 ○（切换动画）按钮，创建关键帧，设置"过渡完成"为100%，"擦除角度"为45.0°，"羽化"为130.0，如图7-84所示。将时间线滑动到6秒位置处，设置"过渡完成"为0。

图7-84

㊷ 滑动时间线，此时的画面效果如图7-85所示。

图7-85

㊸ 在"项目"面板中将"墨滴.jpg"素材文件拖曳到"时间轴"面板中的V7轨道上的8秒位置处，设置"墨滴.jpg"素材文件图层的结束时间为10秒，如图7-86所示。

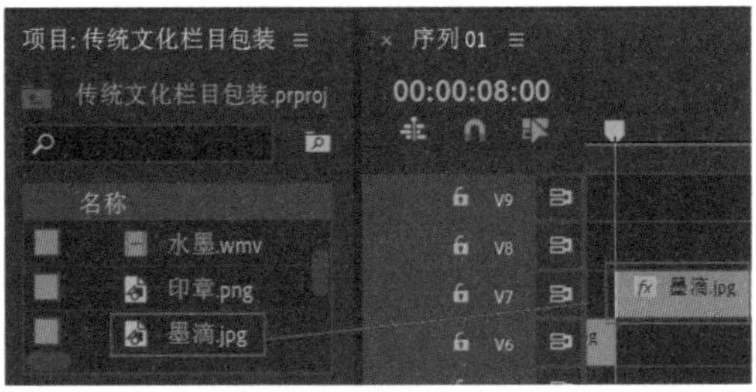

图7-86

㊹ 在"时间轴"面板中单击V7轨道上的"墨滴.jpg"素材文件，在"效果控件"面板中单击展开"运动"，设置"缩放"为75.0，展开"不透明度"，设置"混合模式"为相乘，如图7-87所示。

图7-87

㊺ 将时间线滑动至8秒位置处，在"工具箱"中单击▣（文字工具）按钮，在"节目监视器"

面板中合适的位置单击并输入合适的文字，如图7-88所示。

图7-88

㊻ 在"时间轴"面板中选择V8轨道上的"水墨丹青"图层，在"效果控件"面板中展开"文本（水墨丹青）"|"源文本"，设置合适的"字体系列"和"字体样式"，设置"字体大小"为150，"对齐方式"为▤（左对齐），"填充"为白色。展开"变换"，设置"位置"为（328.1，310.8），如图7-89所示。

图7-89

㊼ 设置"时间轴"面板中的V8轨道上的"水墨丹青"图层的结束时间为10秒，如图7-90所示。

图7-90

㊽ 在"效果"面板中搜索"波形变形"效果，将该效果拖曳到V8轨道上的"水墨 丹青"图层上，如图7-91所示。

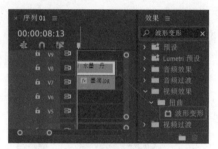

图7-91

49 将时间线滑动到8秒22帧位置处，选择V8轨道上的"水墨 丹青"图层，在"效果控件"面板中展开"波形变形"，单击"波形高度"前面的 ⊙（切换动画）按钮，创建关键帧，设置"波形高度"为5，如图7-92所示。将时间线滑动到9秒12帧位置处，设置"波形高度"为0。

图7-92

50 在"项目"面板中将"水墨.wmv"素材文件拖曳到"时间轴"面板中的V9轨道上的6秒23帧位置处，如图7-93所示。

图7-93

51 在"时间轴"面板中右键单击V9轨道上的"水墨.wmv"素材文件，执行"速度/持续时间"命令，如图7-94所示。

52 在弹出的"剪辑速度/持续时间"面板中设置"速度"为1084%，单击"确定"按钮，如图7-95所示。

53 在"时间轴"面板中选择V9轨道上的"水墨.wmv"素材文件，在"效果控件"面板中展开"运动"，设置"位置"为（505.0,318.0），

"缩放"为300.0，"旋转"为-212.0°，如图7-96所示。

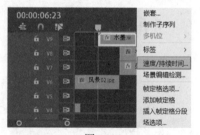

图7-94

图7-95

图7-96

54 将时间线滑动到8秒13帧位置处，选择V9轨道上的"水墨.wmv"素材文件，在"效果控件"面板中展开"不透明度"，单击"不透明度"前面的⊙（切换动画）按钮，创建关键帧，设置"不透明度"为100.0%，如图7-97所示。将时间线滑动到8秒23帧位置处，设置"不透明度"为0，"混合模式"为相减。

图7-97

55 此时本案例制作完成。滑动时间线，画面效果如图7-98所示。

图7-98

7.2.3 实例：动感时尚栏目动画

设计思路

案例类型：

本案例是时尚栏目包装动画效果设计项目，如图7-99所示。

图7-99

项目诉求：

本案例是一个动感时尚栏目动画效果的展现。通过色块与线条的添加，展现富含动感与韵律感的画面效果，充满个性的气息，给人留下鲜活、青春的印象，可以让观者更好地理解时尚节目。

设计定位：

本案例采用以图像为主、文字为辅的画面构图方式。选择人像照片作为背景，给人生动、真实的感觉。背景之上的大面积色块逐渐拉开露出人像的过程中，给人以明亮、鲜活的感觉，并通过线条的增添作为装饰，丰富了画面细节。

配色方案

玫红色与白色两种色彩的搭配，带来极强的视觉冲击力，打造出鲜活、明亮、时尚的画面，奠定了整体节目的调性，如图7-100所示。

图7-100

主色：

玫红色色彩饱满、鲜艳，大量使用后呈现时尚、艳丽的视觉效果，具有较强的视觉冲击力。同时，玫红色色块的变化展现拉开序幕的效果，增添高端感。

辅助色：

本案例使用了明度极高的白色作为辅助色，与鲜艳、浓烈的玫红色搭配时具有较强的视觉刺激性，打造出明亮、醒目的画面。白色作为无彩色，减轻了大面积玫红色的刺激感，使画面色彩更加舒适、自然，带来更加惬意、自然的视觉体验。

点缀色：

深褐色与苔藓绿作为点缀色，在画面中作为人物以及背景植物色彩出现，其明度较低，使整个画面的色彩更加柔和、温馨、自然。

版面构图

本案例采用框架式的构图方式，通过色块的变化将人像照片在中间位置进行呈现，同时引导观者目光向中央集中。整个画面以玫红色色块作为开场，塑造节目神秘感，而不断向对角缩小的色块将画面呈现，给人以明亮的感觉。同时，底部倾斜线条的规整排列，将画面底部进行分割，丰富了画面细节，具有较强的装饰性。色块上的文字字体简单、利落，具有较高的辨识性，清晰、有效地传达了节目信息，如图7-101和图7-102所示。

图7-101   图7-102

操作思路

本案例使用"颜色遮罩"命令创建纯色图层并使用"百叶窗"与"新建4点多边形蒙版"效果制作画面过渡效果，创建关键帧并制作画面纯色缩放效果动画，创建文字并制作文字效果。

操作步骤

1 在菜单栏中执行"文件"|"新建"|"项目"命令，新建一个项目。执行"文件"|"新建"|"序列"命令。执行"文件"|"导入"命令，在弹出的"导入"对话框中导入"01.jpg"素材文件，单击"打开"按钮，如图7-103所示。

图7-103

2 在"项目"面板中选择"01.jpg"素材文件，按住鼠标左键将其拖曳到"时间轴"面板中的V1轨道上，如图7-104所示。

图7-104

3 此时的画面效果如图7-105所示。

4 右键单击"项目"面板中的空白位置处，在弹出的快捷菜单中执行"新建项目"|"颜色遮罩"命令，如图7-106所示。

图7-105

图7-106

5 在"新建颜色遮罩"面板中单击"确定"按钮。在"拾色器"面板中设置为白色，单击"确定"按钮，如图7-107所示。

图7-107

6 在"选择名称"面板中设置"选择新遮罩的名称"为白色，单击"确定"按钮，如图7-108所示。

图7-108

7 在"项目"面板中将白色遮罩拖曳到"时间轴"面板中的V2轨道上，如图7-109所示。

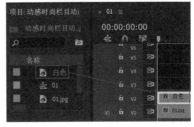

图7-109

8 在"效果"面板中搜索"百叶窗"效果，将该效果拖曳到"时间轴"面板中的V2轨道上的白色遮罩上，如图7-110所示。

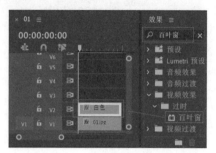

图7-110

❾ 将时间线滑动到起始帧位置处，选择V2轨道上的白色遮罩，在"效果控件"面板中展开"百叶窗"，单击"过渡完成""宽度"前面的 ⏱ （切换动画）按钮，创建关键帧，设置"过渡完成"为0，"宽度"为30。将时间线滑动到3秒位置处，设置"过渡完成"为50%，"方向"为35.0°，"宽度"为15，如图7-111所示。

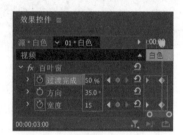

图7-111

❿ 在"时间轴"面板中单击V2轨道上的白色遮罩，在"效果控件"面板中展开"不透明度"，单击 ▣ （新建4点多边形蒙版）创建蒙版，如图7-112所示。

图7-112

⓫ 在"节目"面板中设置"新建4点多边形蒙版"到合适的位置与大小，如图7-113所示。

⓬ 滑动时间线，此时的画面效果如图7-114所示。

⓭ 右键单击"项目"面板中的空白位置处，在弹出的快捷菜单中执行"新建项目"|"颜色遮罩"命令，在"新建颜色遮罩"面板中单击"确定"按钮。在"拾色器"面板中设置为玫紫色，单击"确定"按钮，如图7-115所示。

图7-113

图7-114

图7-115

⓮ 在"选择名称"面板中设置"选择新遮罩的名称"为玫紫色，单击"确定"按钮，如图7-116所示。

⓯ 在"项目"面板中将玫紫色遮罩拖曳到"时

间轴"面板中的V3轨道上，如图7-117所示。

图7-116

图7-117

⑯ 将时间线滑动到起始帧位置处，选择V3轨道上的玫紫色遮罩，在"效果控件"面板中展开"运动"，取消选中"等比缩放"复选框，单击"缩放高度"前面的◎（切换动画）按钮，创建关键帧，设置"缩放高度"为125.0，如图7-118所示。将时间线滑动到1秒位置处，设置"缩放高度"为13.4，"位置"为（439.3,3.2），"缩放宽度"为125.0，"旋转"为-36.0°。

图7-118

⑰ 在"项目"面板中将玫紫色遮罩拖曳到"时间轴"面板中的V4轨道上，如图7-119所示。

图7-119

⑱ 将时间线滑动到起始帧位置处，选择V4轨道上的玫紫色遮罩，在"效果控件"面板中展开"运动"，取消选中"等比缩放"复选框，单击"缩放高度"前面的◎（切换动画）按钮，创建关键帧，设置"缩放高度"为125.0，如图7-120所示。将时间线滑动到1秒位置处，设置"缩放高度"为13.4，"位置"为（1495.8,1412.1），"缩放宽度"为125.0，"旋转"为143.0°。

图7-120

⑲ 将时间线滑动至起始时间位置处，在"工具箱"中单击T（文字工具）按钮，在"节目监视器"面板中合适的位置单击并输入合适的文字，如图7-121所示。

图7-121

⑳ 在"时间轴"面板中选择V 5轨道上的FUN，在"效果控件"面板中展开"文本（FUN）"|"源文本"，设置合适的"字体系列"和"字体样式"，设置"字体大小"为109，"对齐方式"为▤（左对齐），"填充"为白色，选中"阴影"复选框，展开"变换"，设置"位置"为（132.0,262.5），"旋转"为-37.0°，如图7-122所示。

图7-122

㉑ 滑动时间线，此时的画面效果如图7-123
所示。

图7-123

㉒ 将时间线滑动至起始时间位置处，在"工具
箱"中单击 T（文字工具）按钮，在"节目监
视器"面板中合适的位置处单击并输入合适的文
字，如图7-124所示。

㉓ 在"时间轴"面板中选择V6轨道上的
Fashion，在"效果控件"面板中展开"文
本"|"源文本"，设置合适的"字体系列"和
"字体样式"，设置"字体大小"为109，"对
齐方式"为 （左对齐）， TT （全部大写），
"填充"为白色，选中"阴影"复选框，展开
"变换"，设置"位置"为（1552.8,1414.9），
"旋转"为-38.0°，如图7-125所示。

图7-124

图7-125

㉔ 此时本案例制作完成。滑动时间线，画面效
果如图7-126所示。

图7-126

第**8**章

宣传视频设计

· 本章概述 ·

宣传视频是通过策划与创意,对企业、城市、产品、活动等各个方面有重点、有针对性地进行策划、拍摄、录制、剪辑、配音配乐、合成输出,最终制作出的作品。其目的是凸显企业、产品、机构或个人独特的风格面貌,彰显企业形象,使大众对企业、产品等产生良好的印象。本章主要从宣传视频的定义、宣传视频的常见类型、宣传视频的常用展示形式以及宣传视频设计、制作的原则等方面进行介绍。

宣传视频概述

在宣传视频制作的过程中，策划与创意是首要的步骤，精心考虑的策划与优秀的创意是宣传视频的基础。想要使作品引人注目、具有较强的感染力与吸引力，优秀的、独一无二的创意是关键，它在带来强烈的视觉冲击力的同时形成与众不同的内涵，可以使产品或企业形象更加迅速地传播，做到深入人心，从而获得大众的认可与信任。一个好的宣传视频能有效地传播信息，达到超乎想象的反馈效果。

8.1.1 什么是宣传视频

宣传视频是宣传企业、产品等形象的最好手段之一。通过宣传视频的展示，可以将企业、机构、个人、产品、城市等形象提升到一个新的层次，更好地展示企业面貌。除此之外，宣传视频还可以有效地提升企业形象，说明产品的功能、用途和特点。通过宣传片的介绍，可以增加产品与企业的附加值，获得大众的认可。宣传视频广泛用于展会招商宣传、房产销售、学校招生、产品推介、旅游景点推广、特约加盟、品牌推广、使用说明、上市宣传等，如图8-1所示。

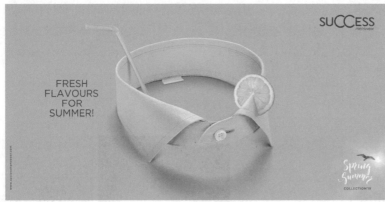

图8-1

8.1.2 宣传视频的常见类型

随着市场竞争的日益激烈，如何使自己的产品从众多同类产品中脱颖而出一直是困扰商家的难题，利用宣传视频进行推广自然成为一个很好的途径。宣传视频根据宣传目的和宣传方式的不同可以分为企业宣传视频、产品宣传视频、访谈宣传视频、活动宣传视频、公益宣传视频、城市宣传视频、旅游景区宣传视频、影视与节目宣传片、文化宣传视频、招商宣传视频等。

1.企业宣传视频

企业宣传视频主要是企业为了增进受众对企业的了解，提升信任感，从而发展商机所拍摄的短片。一部策划优良的企业宣传片可在短短几分钟内向目标观众传递上万字的信息量，从而直观、生动地展现企业形象。其可划分为以下几种类型。

　　企业综合形象宣传视频：主要用来展示企业或公司的综合实力，反映企业形象，用以详细地描述企业历史、文化内涵、产品、市场、人才、前景等。

　　企业纪念日、周年庆典等宣传视频：主要在公司的年会、周年庆典或纪念日进行宣传，用来总结、回顾企业历程，继而提出发展方向、目标，可以增强员工的企业荣誉感，激发士气，如图8-2所示。

图8-2

　　企业宣传视频：对于企业的整体形象，包括企业发展历程、企业管理、技术实力、产品制造、市场开拓、品牌建设、发展战略、企业文化等各个方面，进行集中而生动的展示，具有树立品牌、提升企业形象、彰显企业文化内涵的作用，如图8-3所示。

图8-3

　　综上所述，企业宣传视频就是对于企业的整体形象，包括企业发展历程、企业管理、技术实力、产品制造、市场开拓、品牌建设、发展战略、企业文化等各个方面，进行集中而生动的展示，具有树立品牌、提升企业形象、彰显企业文化内涵的作用。

2. 产品宣传视频

　　产品宣传视频主要针对产品进行宣传，可以通过视频、三维动画等不同形式展现产品的结构、功能、特点、适用场景等，多用于展会等商业活动，可以有效地帮助企业开拓市场，提升经济效益，如图8-4所示。

3. 访谈宣传视频

　　访谈宣传视频主要是借助被采访人物的特殊身份来提升企业或产品的形象。例如，对某些行业的名人进行采访，以便提升企业在目标受众心中的公信力。

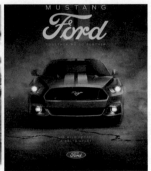

图8-4

4.活动宣传视频

活动宣传视频主要用于记录产品、商家活动现场的场景，如图8-5所示。

图8-5

5.公益宣传视频

公益宣传视频主要是用以号召社会，发展有益的活动或观点，为公众谋求福利，具有社会的效益性、主题的现实性与表现的号召性等特点，有利于营造良好的社会风气。其包括对外公益活动、公益广告宣传片、警示类宣传视频等，如图8-6所示。

图8-6

6.城市宣传视频

从某种意义上来讲，城市宣传视频像是全景式的城市形象介绍，主要用来展示城市形象，突出城市独特的风貌和气质。城市宣传视频本质上是城市的一个视频名片，如图8-7所示。

图8-7

7. 旅游景区宣传视频

旅游景区宣传视频是目前较为流行的一种宣传形式，主要目的是宣传某个地区的旅游景点，包括该地区的美食、玩乐等场所和当地的特色产品，以及由此展开的当地的文化内涵与风土人情，如图8-8所示。

图8-8

8. 影视与节目宣传片

影视与节目宣传片包括电视节目、婚礼宣传、晚会预告、演唱会活动等系列宣传片，形成一种预告的形式，告知受众活动的时间、简要内容等，如图8-9所示。

图8-9

9.文化宣传视频

　　文化宣传视频通常由某个频道或电视台出品，挖掘具有历史传承价值的古迹、文化、绘画、雕刻、艺术、传统技艺等文化遗产，通过自身的传播优势，向外展现自身的文化与内涵，如图8-10所示。

图8-10

10.招商宣传视频

　　招商宣传视频是城市、企业或机构通过影片的形式使产品渠道商或合作伙伴全面了解产品、企业概况、市场等系列信息，树立渠道商或合作伙伴的信心，如图8-11所示。

图8-11

8.1.3　宣传视频的常见展示形式

　　宣传视频有多种展示形式，常见的有开门见山、对比、合理夸张、以小见大、联想、幽默、借用比喻、制造悬念等。

　　开门见山： 就是直接、重点地展示产品优势，将产品或主题如实地展示在宣传视频中，如图8-12所示。

　　对比： 利用对比形成反差，宣传视频中的多种产品形成鲜明对照，相互映衬对比，突出所要表现的特点，给观者以直接、生动的视觉感受。

　　合理夸张： 借助想象，对宣传视频中所宣传对象的某个方面进行夸张处理，使观者加深或扩大对这些特征的认识，如图8-13所示。

　　以小见大： 通过局部表现整体，使宣传视频更具有灵活性与表现力。

图8-12

图8-13

联想： 人们可以通过联想产生美感共鸣，宣传视频为观者提供想象空间，从而提升产品或形象的吸引力，如图8-14所示。

图8-14

幽默： 幽默处理的矛盾冲突可以达到出乎意料又在情理之中的艺术效果，提升宣传效果与感染力，如图8-15所示。

借用比喻： 巧用比喻，可以提升视频的吸引力，引发目标群体的思考与想象，延长其对于产品的关注度，如图8-16所示。

制造悬念： 故布疑阵的表现手法给人带来"谜题"的同时，可以引发观者兴趣，给人留下难忘的印象。

图8-15

图8-16

8.1.4 宣传视频设计原则

宣传视频制作的原则是根据宣传视频的本质、特征、目的所提出的根本性、指导性的准则和观点。其主要包括：真实性原则、完整性原则、艺术性原则、目的性原则。

真实性原则： 真实性是宣传视频拍摄制作最基本也是最重要的原则，宣传视频可以运用不同的艺术表现手法在适当的范围内进行艺术化的渲染，但必须保证内容的真实、准确，避免误导消费者。

完整性原则： 完整性原则体现在宣传视频的内容应完整展现企业或品牌理念、产品竞争优势、城市形象等，使受众可以在观看到视频的第一时间捕捉最有价值的关键信息。

艺术性原则： 宣传视频采用技术化的手法，对所拍摄的内容进行艺术化加工，其本身便带有一定的视觉吸引力与感染力。不同的艺术手法可以增强宣传视频的美感，为受众带来视觉上的享受，有利于塑造优秀的品牌或企业形象。

目的性原则： 宣传视频的目的必须明确清晰，精准定位。根据宣传主体对象的不同，有针对性地开展市场调研、设计制作、营销推广。

8.2 宣传视频制作实战

8.2.1 实例：唯美电影海报

设计思路

案例类型：

本案例是唯美风格电影宣传海报设计作品，如图8-17所示。

图8-17

项目诉求：

本案例是唯美风格的电影宣传视频作品，通过优雅的女士形象、牡丹花、香水瓶等元素展现迷人、浪漫、妩媚的视觉效果。使用紫色、粉色、白色等色彩进行搭配，更显秀丽、娇艳。背景中的光线给人光芒四射的感觉，具有较强的引导作用，吸引观者目光向画面中央集中，清晰地传达电影主题与信息。

设计定位：

本案例通过女性形象、牡丹花、香水瓶、珍珠等元素呈现优雅、迷人的画面风格，使用淡粉色、紫色、洋红色等色彩进行搭配，展现妩媚、娇艳、浪漫的视觉效果。最后通过电影宣传文字体现作品内涵，传达电影信息。

配色方案

　　大面积的淡粉色与白色在背景画面中出现，打造出淡雅、温柔的画面效果，画面整体色彩明度较高，给人以明媚、洁净的视觉感受，如图8-18所示。

图8-18

主色：

　　淡粉色与白色作为背景色大面积使用，画面色彩以粉色调为主，色彩轻柔、明朗，带来明快、恬静、清新的视觉效果，给人以淡雅、秀丽的视觉感受，具有缓和情绪的作用，能为观者带来轻松、惬意的视觉体验。

辅助色：

　　本案例使用深紫色与贝壳粉色作为辅助色，色彩绚丽、鲜艳，与淡粉色调背景形成纯度对比，同时两种色彩间形成对比色对比，极具视觉冲击力，使画面中的人物、文字等元素更加突出。

点缀色：

　　草莓红色与水青色作为点缀色加入整体粉色调的画面中，泼洒出的香水以及冷色调的水青色文字为画面增添亮点，带来清爽、水润的视觉感受。

版面构图

　　本案例采用重心型的画面构图方式。通过背景中放射状的光线与球形装饰的设计，将画面的视觉中心放置在中央。人物位于中间位置，文字垂直居中分布，同时多个装饰性元素围绕人物进行编排，使构图呈现向中心聚拢的效果，聚拢观者目光，更好地传达电影信息。浅色调背景与高纯度色彩形成鲜明对比，增强了人物形象与电影宣传内容的视觉吸引力，如图8-19和图8-20所示。

图8-19

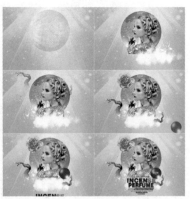

图8-20

操作思路

　　本案例讲解了在Premiere Pro中为素材的"位置""不透明度""缩放"属性添加关键帧动画。

操作步骤

❶ 在菜单栏中执行"文件"|"新建"|"项目"命令，新建一个项目。执行"文件"|"新建"|"序

列"命令。执行"文件"|"导入"命令，在弹出的"导入"对话框中导入全部素材，单击"打开"按钮，如图8-21所示。

图8-21

❷ 在"项目"面板中将"背景.jpg"素材文件拖曳到"时间轴"面板中的V1轨道上，此时在"项目"面板中自动生成一个与"背景.jpg"素材文件等大的序列。分别将"01.jpg"至"17.png"拖曳到V2~V18轨道上，并设置结束时间为18秒，如图8-22所示。

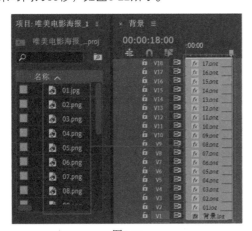

图8-22

❸ 查看此时的画面效果，如图8-23所示。

❹ 选择V2轨道上的"01.jpg"素材文件，在"效果控件"面板中展开"运动"，将时间线拖动到起始时间位置处，单击"位置"前面的 ⬧（切换动画）按钮，创建关键帧，设置"位置"为（2361.0，-1600.0），如图8-24所示。将时间轴

滑动到2秒位置处，设置"位置"为（2361.0，1581.5）。

图8-23

图8-24

❺ 选择V3轨道上的"02.png"素材文件，在"效果控件"面板中展开"运动""不透明度"，设置"位置"为（2452.9，1213.7），"锚点"为（2452.9，1213.7）。将时间线拖动到2秒位置处，单击"旋转"前面的 ⬧（切换动画）按钮，创建关键帧，设置"旋转"为0.0°，"不透明度"为0。将时间轴滑动到3秒位置处，设置"旋转"为1x0.0°，"不透明度"为100.0%，如图8-25所示。

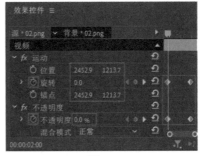

图8-25

❻ 选择V4轨道上的"03.png"素材文件，在"效果控件"面板中展开"运动""不透明度"，将时间线拖动到3秒位置处，单击"缩放""不透明度"前面的 ⬧（切换动画）按钮，

创建关键帧，设置"缩放"为0.0，"不透明度"为0，如图8-26所示。将时间轴滑动到4秒位置处，设置"缩放"为100.0，"不透明度"为100.0%。

图8-26

7 选择V5轨道上的"04.png"素材文件，在"效果控件"面板中展开"运动"，将时间线拖动到4秒位置处，单击"位置"前面的■（切换动画）按钮，创建关键帧，设置"位置"为（6062.0，1581.5），如图8-27所示。将时间轴滑动到5帧位置处，设置"位置"为（2361.0,1581.5）。

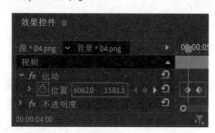

图8-27

8 选择V6轨道上的"05.png"素材文件，在"效果控件"面板中展开"运动""不透明度"，将时间线拖动到5秒位置处，单击"位置"前面的■（切换动画）按钮，创建关键帧，设置"位置"为（2361.0，-1050.0），"不透明度"为0。将时间轴滑动到6秒位置处，设置"位置"为（2361.0,1581.5），"不透明度"为100.0%，如图8-28所示。

9 选择V7轨道上的"06.png"素材文件，在"效果控制"面板中展开"运动""不透明度"，将时间线拖动到6秒位置处，单击"位置""不透明度"前面的■（切换动画）按钮，创建关键帧，设置"位置"为（349.1，643.6），"不透明度"为0，如图8-29所示。

将时间轴滑动到7秒位置处，设置"位置"为（2361.0，1581.5），"不透明度"为100.0%。

图8-28

图8-29

10 选择V8轨道上的"07.png"素材文件，在"效果控件"面板中展开"运动""不透明度"，将时间线拖动到7秒位置处，单击"位置""不透明度"前面的■（切换动画）按钮，创建关键帧，设置"位置"为（5034.4，3723.9），"不透明度"为0，如图8-30所示。将时间轴滑动到8秒位置处，设置"位置"为（2361.0，1581.5），"不透明度"为100.0%。

图8-30

11 选择V9轨道上的"08.png"素材文件，在"效果控件"面板中展开"运动"，将时间线拖动到8秒位置处，单击"位置"前面的■（切换动画）按钮，创建关键帧，设置"位置"为（2361.0,3189.5），如图8-31所示。将时间轴滑动到9秒位置处，设置"位置"为（2361.0，1581.5）。

图8-31

⑫ 滑动时间线,此时的画面效果如图8-32所示。

图8-32

⑬ 选择V10轨道上的"09.png"素材文件,在"效果控件"面板中展开"运动",将时间线拖动到9秒位置处,单击"位置""不透明度"前面的⏱(切换动画)按钮,创建关键帧,设置"位置"为(2361.0,2616.5),如图8-33所示。将时间轴滑动到10秒位置处,设置"位置"为(2361.0,1581.5)。

⑭ 选择V11轨道上的"10.png"素材文件,在"效果控件"面板中展开"运动",将时间线拖动到10秒位置处,单击"位置"前面的⏱(切换动画)按钮,创建关键帧,设置"位置"为(2361.0,2521.5),如图8-34所示。将时间轴滑动到11秒位置处,设置"位置"为(2361.0,1581.5)。

图8-33

图8-34

⑮ 使用同样的方法创建关键帧,设置合适的动画效果,直至本案例制作完成。滑动时间线,画面效果如图8-35所示。

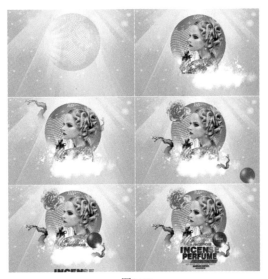

图8-35

8.2.2 实例:冬季恋歌

设计思路

案例类型:

本案例是冬季雪景主题的自媒体视频作品,如图8-36所示。

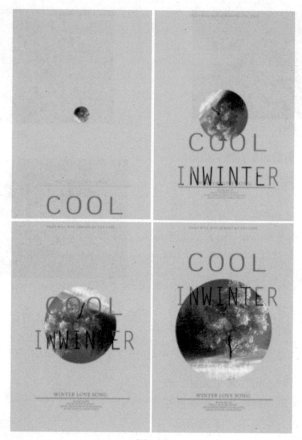

图8-36

项目诉求：

　　本案例是一个以"冬季恋歌"为主题制作的自媒体短视频。通过形似播放器的圆形框架逐渐变大，将唯美的雪景展现在观者面前，给人以空灵、出尘、梦幻的视觉感受。而标题文字摆放位置的变化，使主题文字与内容文字形成层次分明的关系，便于清晰地传递作品信息。

设计定位：

　　本案例选择美丽、梦幻的雪景作为背景，展现浪漫、雅致的作品风格，提升了作品的视觉吸引力。主体文字的字号较大，与内容文字形成鲜明的层级对比，便于观者阅读并了解作品信息。

配色方案

　　淡蓝色与深蓝色形成鲜明的层次对比，同时赋予整体冷色调的气息，营造唯美、浪漫、空灵的视觉效果，打造出别具一格的唯美风格作品，如图8-37所示。

图8-37

主色：

　　淡蓝色作为作品背景，占据画面较大面积，色彩纯度适中，给人以舒适、平和、安静的感觉，同时冷色调赋予画面端庄、清凉的气息。

辅助色：

本案例使用深蓝色作为画面的辅助色，与淡蓝色形成鲜明的纯度与明度对比，打造出清冷、梦幻的视觉效果，增强了画面的视觉吸引力与感染力。

点缀色：

深豆沙粉色与蓝色调的画面对比较为鲜明，粉色调的文字与画面形成冷暖对比，提升了画面的视觉吸引力，同时使文字内容更加鲜明、清晰，给人一目了然、规整端正的视觉印象。

版面构图

本案例采用对称型的构图方式，将主体内容在画面视觉焦点位置呈现，具有较强的视觉冲击力，给人以稳定、平衡、端庄的视觉感受。整个画面使用大面积的淡蓝色，营造静谧、文艺、淡雅的风格，给人以唯美、清新的感觉。在中央位置的雪景图像与不同字号的文字具有较强的视觉吸引力，既点明了作品主题，同时又清晰、直观地传达了作品内涵与信息，如图8-38和图8-39所示。

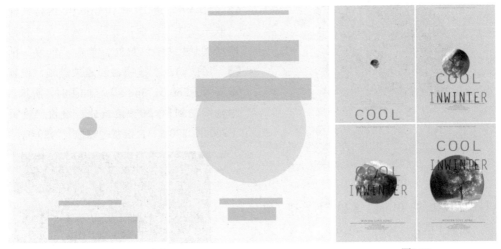

图8-38　　　　　　　　　　　　　　　　图8-39

操作思路

本案例讲解了在Premiere Pro中为素材的"位置""不透明度""缩放"属性添加关键帧动画。

操作步骤

❶ 在菜单栏中执行"文件"|"新建"|"项目"命令，新建一个项目。执行"文件"|"新建"|"序列"命令。执行"文件"|"导入"|"文件"命令，在弹出的"导入"对话框中导入全部素材，单击"打开"按钮，如图8-40所示。

❷ 在"项目"面板中将"背景.jpg"素材文件拖曳到"时间轴"面板中的V1轨道上，此时在"项目"面板中自动生成一个与"背景.jpg"素材文件等大的序列。分别将"01.png"到"06.png"素材文件拖曳到V2到V7轨道上，如图8-41所示。

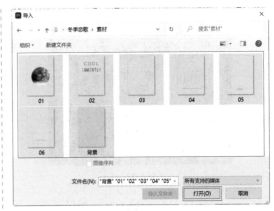

图8-40

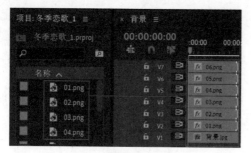

图8-41

❸ 查看此时的画面效果，如图8-42所示。

图8-42

❹ 选择V2轨道上的"01.jpg"素材文件，在"效果控件"面板中展开"运动"，设置"位置"为（267.0,375.5），"锚点"为（335.5，472.5）。将时间线拖动到起始时间位置处，单击"缩放""旋转"前面的🔘（切换动画）按钮，创建关键帧，设置"缩放"为0.0，"旋转"为0.0。将时间轴滑动到1秒位置处，设置"缩放"为100.0，"旋转"为1x0.0，如图8-43所示。

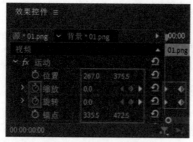

图8-43

❺ 选择V3轨道上的"02.png"素材文件，在"效果控件"面板中展开"运动"，将时间线拖动到1秒位置处，单击"位置"前面的🔘（切换动画）按钮，创建关键帧，设置"位置"为（260.0，95.5），如图8-44所示。将时间轴滑动到1秒10帧位置处，设置"位置"为（260.0，369.5）。

图8-44

❻ 选择V4轨道上的"03.png"素材文件，在"效果控件"面板中展开"运动"，将时间线拖动到1秒10帧位置处，单击"位置"前面的🔘（切换动画）按钮，创建关键帧，设置"位置"为（260.0，348.5），如图8-45所示。将时间轴滑动到1秒20帧位置处，设置"位置"为（260.0，370.5），设置"缩放"为80.0。

图8-45

❼ 选择V5轨道上的"04.png"素材文件，在"效果控件"面板中展开"运动"，将时间线拖动到1秒20帧位置处，单击"位置"前面的🔘（切换动画）按钮，创建关键帧，设置"位置"为（-241.0，348.5），如图8-46所示。将时间轴滑动到2秒10帧位置处，设置"位置"为（246.0，348.5）。

图8-46

⑧ 滑动时间线，此时的画面效果如图8-47所示。

图8-47

⑨ 选择V6轨道上的"05.png"素材文件，在"效果控件"面板中展开"运动"，将时间线拖动到2秒10帧位置处，单击"位置"前面的 ⊙（切换动画）按钮，创建关键帧，设置"位置"为（260.0，411.5），如图8-48所示。将时间轴滑动到3秒位置处，设置"位置"为（260.0，349.5）。

图8-48

⑩ 选择V7轨道上的"06.png"素材文件，在"效果控件"面板中展开"运动"，将时间线拖动到3秒位置处，单击"位置"前面的 ⊙（切换动画）按钮，创建关键帧，设置"位置"为（644.0，340.5），如图8-49所示。将时间轴滑动到3秒20帧位置处，设置"位置"为（265.0，340.5）。

图8-49

⑪ 此时本案例制作完成。滑动时间线，画面效果如图8-50所示。

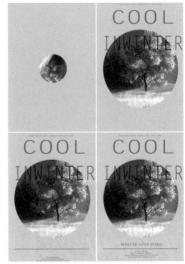

图8-50

第**9**章

Vlog 设计

·本章概述·

　　Vlog，是博客的一种类型，是创作者通过视频形式对日常生活、个人形象等进行展示。我们的生活中充满着各种各样的Vlog视频。Vlog作者使用影像代替文字或相片，上传到网络与大众分享，这类创作者被统称为"Vlogger"。本章主要从Vlog的定义、Vlog的常见类型、Vlog的记录形式以及Vlog制作的原则等方面介绍Vlog的相关知识。

9.1 Vlog概述

Vlog的全称是video blog或video log，意为视频记录、视频博客、视频网络日志。随着Vlog概念的发展，众多创作者加入Vlog拍摄的行列，Vlog开始走进大众生活，已经逐渐成为大众记录生活、表达个性最为主要的方式。

9.1.1 什么是Vlog

Vlog是众多视频类型中的一种形式，是以日常记录为内容的视频形式，如图9-1所示。

图9-1

9.1.2 Vlog的常见类型

Vlog以拍摄者为主，是其自然平凡的生活记录，风格、类型、题材不限，类似于日记的形式。Vlog的镜头语言、人物特性与自我表达十分鲜明，形成独特的人格化特征。Vlog的常见类型有以下几种。

1. 采访类

采访类的Vlog视频常以采访、访谈的形式呈现，形成系列形式。这种类型的Vlog视频真实、生动，融入较深的情感，可以更好地拉近与观者的距离。这种采访的形式同时具有较强的即时性，给人以发生在身边的感觉，如图9-2所示。

2. 教学类

教学类视频是Vlog视频中较为常见的视频类型之一，包括美食、手工、游戏等不同领域。与文字语言相比，采用视频的方式进行教学展示更具吸引力，如图9-3所示。

图9-2

图9-3

3. 恶搞视频

恶作剧形式的视频不需要很多的剪辑技巧，只要将整个视频的内容记录下来就好。恶搞视频往往会获得较高的播放量与热度，加之配以当下流行语，更添轻松、风趣，如图9-4所示。

图9-4

4. 技能展示视频

技能展示视频通过Vlog记录的形式展示成果，例如美妆展示、健身效果展示、手工技艺展示、舞蹈展示、翻唱作品等，如图9-5所示。

5. 纪录片

纪录片形式的Vlog视频是旅游爱好者以及美食家、自驾游爱好者的选择，通过旅行Vlog可以真实生动地描绘独特的文化、地域特色、美食、风貌等，引起观者的憧憬，如图9-6所示。

图9-5

图9-6

6. 罕见事件报道

罕见事件报道类型的Vlog视频，可以引发观者对于新鲜事件的强烈好奇心与猎奇心理，增强视频讨论度与热度。

7. 发表看法 / 聊天视频

对于热点事件进行评判、讨论，或是进行自我经历分享的Vlog视频，可以快速地吸引观者对文字内容进行关注，因此这类视频对于文案的要求较高，如图9-7所示。

图9-7

9.1.3 Vlog 的记录形式

Vlog视频是通过不同的形式记录生活、趣事，并通过互联网进行分享，从而与大众共同欣赏。由于主题与风格的不同，Vlog可以分为以下几种记录形式。

"流水账"日常：针对旅行、活动、突发事件，以真实、具体的形式展现事件内容，直观地叙述视频内容，如图9-8所示。

图9-8

画外音形式：这种记录方式是将台词口语化，并以"旁白"的身份进行讲述。

分格漫画：将不同的照片、画面以连续播放的方式连接，形成轻松、简单的视频风格，如图9-9所示。

图9-9

唯美电影：利用滤镜、色彩，赋予视频画面以独特的氛围感，营造一种沉浸式的视觉体验，如图9-10所示。

图9-10

转场： 以特殊的效果对视频内容进行装饰，呈现炫酷、个性的风格。

9.1.4 Vlog制作的原则

Vlog视频制作原则是根据Vlog的本质、特征、目的所提出的根本性、指导性的准则和观点。其主要包括原创性原则、创意性原则、简洁性原则、互动性原则。

原创性原则： 随着人们版权意识的增强，对于原创内容更加认可与尊重，坚持原创性可以使作品在诸多创意相似、内容重复的视频中绽放出独一无二的生命力。

创意性原则： 别具一格的创意可以更好地触发观众的好奇心，提升视频内容的趣味性与创意感，可以获得更多的关注与市场，如图9-11所示。

图9-11

简洁性原则： 将视频长度压缩在十几秒到几分钟之内，减少视频的播放时间可以使观者浏览完整的视频内容，明确视频主题与中心，吸引观者产生继续观看的兴趣。

互动性原则： Vlog发布者与观众之间的单向或双向互动都可以增强用户的黏性，观众的反馈与建议对于Vlog的传播推广与发布者自身的定位会产生一定的影响。

9.2 Vlog设计实战

9.2.1 实例：旅游Vlog纪念

案例类型：

本案例是旅游Vlog纪念视频制作作品，如图9-12所示。

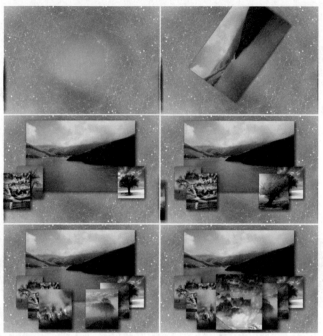

图9-12

项目诉求：

　　本案例是以记录旅游风景为主题制作的Vlog视频作品。使用旋转与划动两种过渡方式，将不同风景照片放置在画面中，形成简单、迅速的播放效果，给人以直白、清晰的感受。背景画面中使用波点、线条的组合，展现犹如星空般闪烁的画面，带来唯美、空灵的视觉效果，提升了画面的视觉美感。不同的风景照片中冷暖色调的不同营造了极为鲜明的气候与环境特征，为观者带来寂静、温暖、清新等截然不同的感受，使作品更具感染力。

设计定位：

　　本案例采用单一图像的设计方式，通过不同风景照片的排列表现旅游纪念的主题。利用视频开头画面中线条与波点的组合，形成中央位置的空白区域，提升了画面的空间感，吸引观者视线向画面中心集中，使画面中后续出现的风景照片位于视觉焦点位置，迅速吸引观者注意力，从而有效表现与传达作品内涵。

配色方案

　　冷色调的背景与暖色调的作品间形成冷暖对比，同时鲜艳、饱满的色彩形成丰富绚丽的视觉效果。通过不同色调照片的使用，营造不同的环境氛围，增强了作品的视觉吸引力，如图9-13所示。

图9-13

主色：

　　天青色与道奇蓝的搭配，使画面背景色彩呈现清新、雅致的蓝色调，给人以澄净、清凉、洁净的印象，令人联想到一碧如洗的天空，充满清爽、自由的气息，营造通透、空灵的氛围，使观者产生轻松、惬意、心旷神怡的感受。

辅助色：

本案例使用青磁色与象牙黄色作为辅助色，色彩明度与纯度适中，带来舒适、自然、和煦的视觉感受。同时，两种色彩的搭配在画面中增添暖色，展现落日中的湖光山色，给人以静谧、悠然的感受。

点缀色：

蓝紫色、红橙色作为点缀色，色彩艳丽、鲜活，使画面中云霞与花卉更加生动，在整体中明度的风景照片中增添了生命力，赋予画面鲜活的气息，给人以唯美、明媚的印象。

版面构图

本案例采用对称型的构图方式，画面中心的空白区域构成视觉焦点，风景照片出现在视觉焦点位置，以此为起点，逐渐在画面中排列风景照片，版面具有较强的向心力。照片通过旋转、划动的方式进入画面，给人以简约、直观的感受。天蓝色调的背景与中明度的青绿色调风景照片形成一定的冷暖对比，提升了画面的视觉吸引力；下方照片中色调的使用使照片呈现苍凉、壮阔、清新等不同的风格，展现不同环境的景色风光，带来绚丽缤纷、五光十色的视觉体验，如图9-14和图9-15所示。

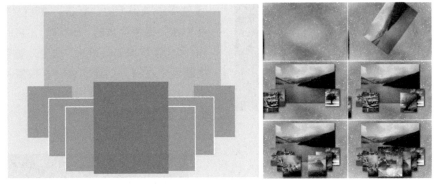

图9-14　　　　　　　　　　　　　图9-15

操作思路

本案例讲解了在Premiere Pro中为素材的"位置""不透明度""缩放"属性添加关键帧动画，使用"投影"效果创建画面阴影效果。

操作步骤

❶ 在菜单栏中执行"文件"|"新建"|"项目"命令，新建一个项目。执行"文件"|"新建"|"序列"命令。执行"文件"|"导入"|"文件"命令，在弹出的"导入"对话框中导入全部素材，单击"打开"按钮，如图9-16所示。

❷ 在"项目"面板中将"背景.jpg"素材文件拖曳到"时间轴"面板中的V1轨道上，此时在"项目"面板中自动生成一个与"背景.jpg"素材文件等大的序列。分别将"01.jpg"～"08.jpg"素材文件拖曳到V2~V9轨道上，如图9-17所示。

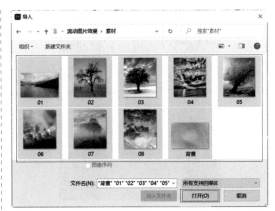

图9-16

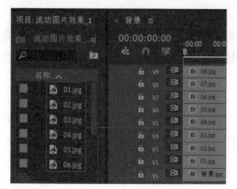

图9-17

❸ 查看此时的画面效果，如图9-18所示。

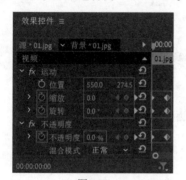

图9-18

❹ 选择V2轨道上的"01.jpg"素材文件，在"效果控件"面板中展开"运动"和"不透明度"，设置"位置"为（550.0,274.5）。将时间线拖动到起始时间位置处，单击"缩放""旋转""不透明度"前面的 ⏱（切换动画）按钮，创建关键帧，设置"缩放"为0.0，"旋转"为0.0°，"不透明度"为0，如图9-19所示。将时间轴滑动到1秒位置处，设置"缩放"为40.0，"旋转"为1x0.0°，"不透明度"为100.0%。

图9-19

❺ 选择V3轨道上的"02.jpg"素材文件，在"效果控件"面板中展开"运动"，将时间线拖动到20帧位置处，单击"位置"前面的 ⏱（切换动画）按钮，创建关键帧，设置"位置"为（-97.0，455.0）。将时间轴滑动到1秒10帧位置处，设置"位置"为（191.0，455.0），"缩放"为40.0，如图9-20所示。

图9-20

❻ 选择V4轨道上的"03.jpg"素材文件，在"效果控件"面板中展开"运动"，将时间线拖动到1秒10帧位置处，单击"位置"前面的 ⏱（切换动画）按钮，创建关键帧，设置"位置"为（1193.0，455.0），如图9-21所示。将时间轴滑动到1秒20帧位置处，设置"位置"为（904.0，455.0），"缩放"为40.0。

图9-21

❼ 选择V5轨道上的"04.jpg"素材文件，在"效果控件"面板中展开"运动"，将时间线拖动到1秒20帧位置处，单击"位置"前面的 ⏱（切换动画）按钮，创建关键帧，设置"位置"为（-106.0，515.0），如图9-22所示。将时间轴滑动到2秒05帧位置处，设置"位置"为（288.0，515.0），"缩放"为45.0。

❽ 选择V6轨道上的"05.jpg"素材文件，在"效果控件"面板中展开"运动"，将时间线拖动到2秒05帧位置处，单击"位置"前面的 ⏱（切换动画）按钮，创建关键帧，设置"位置"为（1204.0，515.0），如图9-23所示。将时间轴滑

动到2秒15帧位置处，设置"位置"为（792.0，515.0），"缩放"为45.0。

图9-22

图9-23

⑨ 滑动时间线，此时的画面效果如图9-24所示。

图9-24

⑩ 选择V7轨道上的"06.jpg"素材文件，在"效果控件"面板中展开"运动"，将时间线拖动到2秒15帧位置处，单击"位置"前面的 ⚪（切换动画）按钮，创建关键帧，设置"位置"为（-118.0，574.0）。将时间轴滑动到3秒05帧位置处，设置"位置"为（373.0，574.0），设置"缩放"为50.0，如图9-25所示。

图9-25

⑪ 选择V8轨道上的"07.jpg"素材文件，在"效果控件"面板中展开"运动"，将时间线拖动到3秒05帧位置处，单击"位置"前面的 ⚪（切换动画）按钮，创建关键帧，设置"位置"为（1217.0，574.0），如图9-26所示。将时间轴滑动到3秒15帧位置处，设置"位置"为（703.0，574.0），"缩放"为50.0。

图9-26

⑫ 选择V9轨道上的"08.jpg"素材文件，在"效果控件"面板中展开"运动""不透明度"，设置"位置"为（550.0，522.0）。将时间线拖动到3秒15帧位置处，单击"缩放""不透明度"前面的 ⚪（切换动画）按钮，创建关键帧，设置"缩放"为0.0，"不透明度"为0，如图9-27所示。将时间轴滑动到4秒10帧位置处，设置"缩放"为70.0，"不透明度"为100.0%。

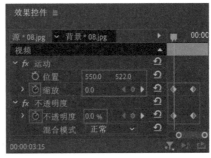

图9-27

⑬ 在"效果"面板中搜索"投影"效果，将该效果拖曳到"时间轴"面板中的V2~V9轨道上的素材文件上，如图9-28所示。在"效果控件"面板中展开"投影"，设置V2~V9轨道上的素材文件的"不透明度"为65%，"距离"为25.0，"柔和度"为128.0，如图9-29所示。

⑭ 此时本案例制作完成。滑动时间线，画面效果如图9-30所示。

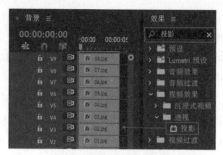

图9-28

图9-29

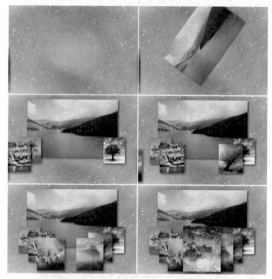

图9-30

9.2.2 实例：日常 Vlog 记录

设计思路

案例类型：

　　本案例是日常生活记录类型的Vlog短视频作品，如图9-31所示。

图9-31

项目诉求：

本案例是记录日常生活主题的Vlog视频作品，通过简约、温馨的色彩与构图方式，以及自然、平常的元素表现平淡、普通的生活，打造治愈、文艺的画面效果，为观者带来柔和、安静、轻松的视觉感受。画面中图书、月季与咖啡的组合展现自由、舒适的晨间生活，使空间萦绕着花香与咖啡的香气，给人以幸福、安逸的视觉感受。

设计定位：

本案例通过插花、咖啡、图书等元素表现悠然自得、惬意、温馨的日常生活氛围；橙色、粉色、橄榄绿等暖色调色彩强化温馨、幸福的视觉效果；最后通过文字点明主题，使视频画面与文字形成统一、相互映衬的效果，提升画面与文字的互动性，整体画面给人以和谐、自然的视觉感受。

配色方案

橙色的大面积使用使画面呈现温暖、明媚的视觉效果，营造温馨、幸福、安定的日常生活氛围，具有较强的视觉感染力，为观者带来幸福、惬意的视觉体验，如图9-32所示。

图9-32

主色：

橙色调色彩令人产生日光、丰收、秋季的想象，其所蕴含的温暖、朝气、富足的特征可以较好地拉动观者情绪，给人以安心、喜悦的感觉。本案例使用太阳橙作为主色，木纹纹理丰富了背景的细节感，带来朴实、天然的感觉。整体画面色彩以太阳橙为主，具有较强的视觉刺激性与感染力，使惬意的晨间生活场景更加真实。

辅助色：

本案例使用明度较高的嫩木槿色作为辅助色，提升了画面的明度，将观者的目光吸引到咖啡与图书上方，提升了画面的层次感，结合桌面阴影，使图书、咖啡杯更加立体、真实，提升了画面的视觉表现力，使观者产生代入感。

点缀色：

画面中月季插花的存在赋予画面清新、盎然的生命气息，使画面洋溢着馥郁的花香，并给人留下优雅、温柔的印象。橄榄绿色的叶片与柿色的花瓣形成较鲜明的明暗对比，使花朵更具鲜活的生命力，提升了画面的视觉吸引力。文字色彩与花朵形成呼应，给人以和谐、自然的感觉。

版面构图

本案例最终画面呈现左对齐的画面构图方式，通过文字与装饰元素在画面左侧的垂直排列，呈现对齐效果，使文字内容得以更好地传达，具有较强的可读性。画面背景中的插花、图书与咖啡杯等元素铺满画面，带来直观的视觉吸引力，以开门见山的方式直接展现日常生活记录的主题，营造悠然自得、自由惬意的环境氛围，使得画面更具真实感，如图9-33和图9-34所示。

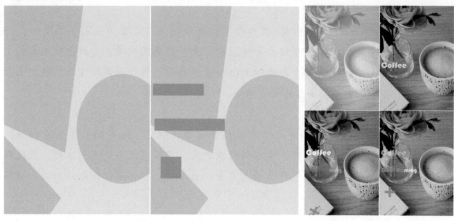

图9-33   图9-34

操作思路

　　本案例使用"白场过渡"制作画面入场的动画，使用"旧版标题"创建文字与图形并添加关键帧制作关键帧动画，制作出日常Vlog记录。

操作步骤

❶ 在菜单栏中执行"文件"｜"新建"｜"项目"命令，新建一个项目。执行"文件"｜"新建"｜"序列"命令。在"新建序列"对话框中单击"设置"按钮，设置"编辑模式"为"自定义"，"时基"为25.00帧/秒，"帧大小"为1080；"水平"为1480，"像素长宽比"为方形像素（1.0），单击"确定"按钮。执行"文件"｜"导入"命令，在"导入"面板中选择"01.mp4"素材文件，单击"打开"按钮，如图9-35所示。

图9-35

❷ 在"项目"面板中选择"01.mp4"素材文件，按住鼠标左键将其拖曳到"时间轴"面板中的V1轨道上，如图9-36所示。

图9-36

❸ 滑动时间线，此时的画面效果如图9-37所示。

图9-37

❹ 在"时间轴"面板中按住Alt键，单击A1轨道上的"01.mp4"素材文件的音频文件，按Delete键进行删除，如图9-38所示。

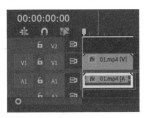

图9-38

5 在"效果"面板中搜索"白场过渡"效果，将该效果拖曳到"时间轴"面板中的"01.mp4"素材文件的起始时间位置处，如图9-39所示。

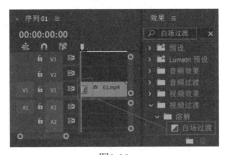

图9-39

6 在"时间轴"面板中执行"文件"|"新建"|"旧版标题"命令，如图9-40所示。

图9-40

7 在"字幕01"面板中单击 **T**（文字工具）按钮，在合适的位置处输入文字"Coffee"，设置合适的"字体系列"和"字体样式"，设置"字体大小"为100.0，"填充类型"为实底，"颜色"为白色，如图9-41所示。

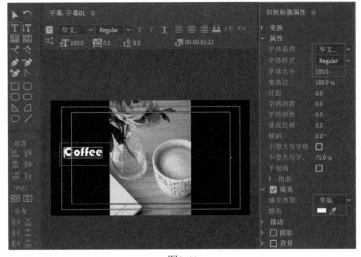

图9-41

8 在"项目"面板中将"字幕01"拖曳到"时间轴"面板中的V2轨道上的22帧位置处，如图9-42所示。

图9-42

9 在"时间轴"面板中选择"字幕01"，在"效果控件"面板中展开"运动"，将时间线滑动到22帧位置处，单击"位置"前方的 ○（切换动画）按钮，设置"位置"为（850.0,1460.0），如图9-43所示。将时间线滑动到1秒24帧位置处，设置"位置"为（850.0,654.0）。

10 在"时间轴"面板中选择"字幕01"，在"效果控件"面板中展开"不透明度"。将时间线滑动到1秒03帧位置处，单击"不透明度"前

方的 （切换动画）按钮，设置"不透明度"
为0，如图9-44所示。将时间线滑动到1秒18帧
位置处，设置"不透明度"为100.0%。将时间
线滑动到3秒21帧位置处，设置"不透明度"为
100.0%。将时间线滑动至4秒13帧位置处，设置
"不透明度"为0。

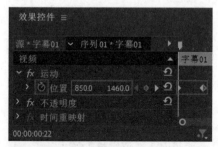

图9-43

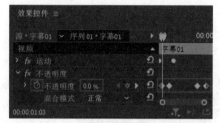

图9-44

⑪ 滑动时间线，此时的画面效果如图9-45所示。

⑫ 在"时间轴"面板中执行"文件"｜"新
建"｜"旧版标题"命令，如图9-46所示。

⑬ 在"字幕02"面板中单击 （文字工

具）按钮，在合适的位置处输入文字"Great
Morning"，设置合适的"字体系列"和"字体
样式"，设置"字体大小"为70.0，"填充类
型"为实底，"颜色"为白色，如图9-47所示。

图9-45

图9-46

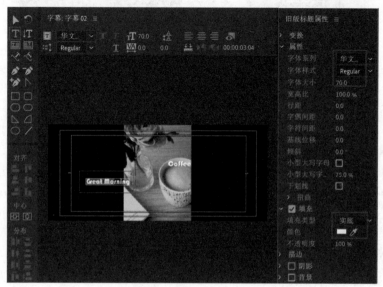

图9-47

⑭ 框选"Great Mo",展开"填充",设置"颜色"为橘黄色,如图9-48所示。

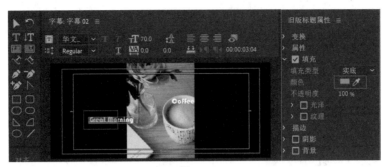

图9-48

⑮ 将时间线滑动至1秒23帧位置处,在"项目"面板中将"字幕02"拖曳到"时间轴"面板中的V3轨道时间线后面位置处,如图9-49所示。

图9-49

⑯ 在"时间轴"面板中选择"字幕02",在"效果控件"面板中展开"运动",设置"位置"为(860.0,740.0)。展开"不透明度",将时间线滑动到2秒10帧位置处,单击"不透明度"前面的 ◎(切换动画)按钮,设置"不透明度"为0,如图9-50所示。将时间线滑动到2秒22帧位置处,设置"不透明度"为100.0%。将时间线滑动到5秒10帧位置处,设置"不透明度"为100.0%。将时间线滑动至6秒22帧位置处,设置"不透明度"为0。

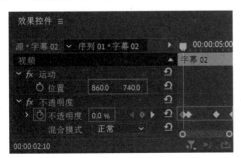

图9-50

⑰ 滑动时间线,此时的画面效果如图9-51所示。

图9-51

⑱ 在"时间轴"面板中执行"文件"|"新建"|"旧版标题"命令,如图9-52所示。

图9-52

⑲ 在"加号"面板中单击 ▣(矩形工具)按钮,在合适的位置处绘制一个矩形,展开"属性",设置"图形类型"为矩形,展开"填充",设置"填充类型"为实底,"颜色"为橘黄色,如图9-53所示。再次绘制一个矩形,绘制一个加号。

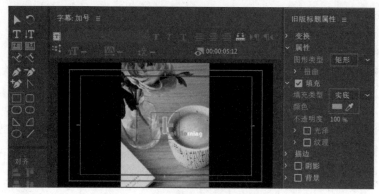

图9-53

⓴ 将时间线滑动至1秒23帧位置处，在"项目"面板中将"加号"拖曳到"时间轴"面板中的V4轨道时间线后面位置处，如图9-54所示。

图9-54

㉑ 在"时间轴"面板中选择"加号"，在"效果控件"面板中展开"运动"。将时间线滑动到1秒22帧位置处，单击"位置""旋转"前面的 （切换动画）按钮，设置"位置"为（147.8,1637.6），"旋转"为1x0.0°，如图9-55所示。将时间线滑动到3秒12帧位置处，设置"位置"为（147.8,1148.4），"旋转"为0.0°。

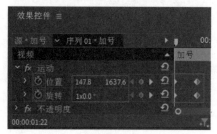

图9-55

㉒ 在"时间轴"面板中选择"加号"，在"效

果控件"面板中展开"不透明度"。将时间线滑动到5秒01帧位置处，单击"不透明度"前面的 （切换动画）按钮，设置"不透明度"为100.0%，如图9-56所示。将时间线滑动到5秒15帧位置处，设置"不透明度"为0。

图9-56

㉓ 此时本案例制作完成。滑动时间线，画面效果如图9-57所示。

图9-57